焼酎の履歴書

発酵と蒸留の謎をひもとく

鮫島吉廣

焼酎の履歴書

刊行にあたって

酒は基本的に、酵母が糖分をアルコールに変えたもので、至極単純なものである。にもかかわらず百花繚乱ともいえる酒造りが存在するのはどうしてだろう。

酒はその土地の原料、気候風土などを反映して誕生したと思われがちだが、その底流には共通した技術が存在し伝播の跡を感じさせるものがあり、その地域の食文化や民族性を反映して変貌してきたと考えられる。その過程で、もともと持っていた可能性を切り捨て、それぞれが細分化し、袋小路に陥っていることがあるかもしれない。

そこで酒の原点を今一度振り返り、変遷のあとを振り返り、ややもすれば忘れられがちな、あるいはすでに忘れられた事柄に焦点を当て、豊かな酒文化について考えてみたい。

鮫島吉廣

目次

第一部　焼酎を語る

第二部　酒の原風景

第三部　焼酎製法の由来

第四部　歴史編

第五部　アジアの酒と焼酎

本書は著者・鮫島吉廣氏が「酒販ニュース」（醸造産業新聞社）に寄稿した記事（第一部〜第五部、焼酎神社誕生譚）に焼酎年表を加え、イカロス出版が書籍化したものです。

第一部

焼酎を語る

志士たちと芋焼酎

考証　幕末・維新の「酒」

原口泉×鮫島吉廣

日本近世史・近代史学者

●はらぐち・いずみ●1947年（昭和22年）鹿児島市生まれ。東京大学文学部国史学科卒業。東京大学大学院博士課程単位取得後、鹿児島大学赴任。現在は志學館大学人間関係学部教授、鹿児島県立図書館館長、鹿児島大学名誉教授。専門は日本近世史・近代史。薩摩藩や琉球の歴史に詳しく、各種テレビ番組の時代考証を務める。幕末維新に関する著書多数。2019年（平成30年）、第70回日本放送協会放送文化賞、第78回西日本文化賞を受賞。

坂本龍馬や岩崎弥太郎、そして西郷隆盛や大久保利通など維新の英傑たちは「酒」をどう飲んでいたのだろうか？

そしてその時代、「酒」の果たす役割はどんなものだったのか？

「芋焼酎」を核とした「幕末・維新の酒」を、鹿児島の酒造会社で明治の焼酎復元に取り組んだ経験のある著者と、鹿児島出身の日本近世史・近代史学者が縦横に語り合う。

志士たちの「たぎる思い」に焼酎はよく合う

鮫島　日本近世史・近代史が専門の原口先生は、NHK大河ドラマの「翔ぶが如く」「琉球の風」「篤姫」の時代考証を担当されるなど、幕末・維新の頃の武家社会に通じていらっしゃいます。私どもの焼酎学講座でも講義していただいていますが、当時の資料・文献には「酒」が頻繁に登場しますね。まず、当時の薩摩の武家社会の特徴と飲酒事情を概観してもらえますか。

原口　島津藩主や篤姫のような超セレブから、小姓組・郷士と呼ばれる下級武士まで階層があり、それぞれに生活習慣や、飲酒を含む食生活の事情も異なる。そのあたりは、大河ドラマ「龍馬伝」で描かれている土佐の事情と同じですね。人斬り半次郎こと桐野利秋は農業もやっていた田舎住まいの城下士ですし、土佐の岩崎弥太郎のような地下浪人（じげろうにん）に相当する身分の者も藩内各地にいた。それぞれの身分ごとに、上は包丁式に象徴される日本料理から、下は、沖縄とも通底する庶民の食文化まで幅広い。それに、薩摩は広く、藩内の地域柄もバラエティーに富んでいる。また、日本列島にはシダ植物以上の高等植物が約7000ありますが、うち3、400は鹿児島県に現存します。つまり、植物の多様性は食や酒の多様性にもつながるんですね。身分制度による違いだけではなく、様々な意味で、薩摩の食文化は多様性に富んでいる。

鮫島　上級武士は清酒、下級武士は芋焼酎、これが一般的と言っていいでしょうか。

原口　はい。上級武士はほんの一握りですから、薩摩はほぼ焼酎文化と言っていいと思います。

鮫島　とすると、現存している日記などで、「酒」と出てくれば、焼酎を指している……。

原口　上級武士でなければ、そうでしょうね。日常的に飲んでいる酒をわざわざ「焼酎」とは書かない。

鮫島　よそから来た人は異なる。幕末の尊皇思想家、高山彦九郎は日記に「焼酎」と書いています。

原口　高山彦九郎は上野（こうずけ、群馬県）の出身で、京都を起点に各地を旅して尊皇を説きます。最後に薩摩を頼ってくるのですが、当時の薩摩の反応が鈍く、結局は幕府に追われて久留米で自刃します。彼は、「焼酎」を強く認識していることが日記からうかがえる。薩摩では、藩校・造士館の教授などと交流、頻繁に焼酎が登場します。

幕末には、筑前勤皇党の平野国臣が来薩、有名な歌「わが胸の燃ゆる思ひにくらぶれば煙は薄し桜島山」を詠みますが、彼らの「たぎる思いをぶつける」といった風情には、焼酎がよく似合う。高山彦九郎や平野国臣に限らず、世を変えようとした尊皇の志士たちには焼酎が似合うんですね。となると、龍馬を語りたくなる。

『鹿児島縣治弌覧概表』と『薩摩見聞記』にみる酒事情

鮫島　坂本龍馬の話は、後でゆっくりと…。ところで、当時の薩摩の酒事情をもう少し押さえておきたいのですが、つい最近、復刻版刊行にあたって原口先生が解題を担当された明治12年7月の『鹿児島縣治弌覧概表』によると、製造石数が「清酒七、三四〇石、焼酎五、二四八石」と記されています。西南戦争直後のこの時期に、こんなに清酒が多いとは…。

原口　鮫島先生もご承知のように、その時点では現在の宮崎県も含まれての話です。宮崎県は明治9年に鹿児島県に合併され、再び分離するのは明治16年ですからね。それにしても、ちょっと清酒が多すぎるような気はしますね。

鮫島　その点の検証はここでは措くとして、幕末から明治にかけての時代に、上級武士が飲んでいた清酒は上方から持ってきた酒とみていいのでしょうか。

原口　「上酒（カンシュ）」と呼んでいますから、そうだと思います。江戸で言う「下り酒」を薩摩では「上酒」と呼んだ。『薩摩見聞記』では、薩摩で飲まれている酒を「酒」「焼酎」「泡盛」「上酒」の4つに分類していますよね。

鮫島　『薩摩見聞記』は明治22～23年の頃の話です。「酒」については「味醂に似たる一種類を指すに過ぎず、宴会等の節、最初の一、二盃だけは此酒を飲む。ただ儀式上の用のみなり」と説明している。「泡盛」は「強くして飲み悪し。酒精最も多く之を飲みたる時煙草を吸えば口中火を呼ぶよし」と、「上酒」は「皆大阪地方より来るものなり」と。そして「焼酎」については、「価の安くして一般に最も広く用いらるるもの」と記述しています。
『鹿児島縣治弌覧概表』で示された資料と『薩摩見聞記』の間には大きな隔たりがある。10年ほどの間に、清酒メーカーが随分減って、焼酎が席巻するようになったと理解できます。

原口　その間にドラスティックな変化があったとすれば、何が考えられるのでしょうか。

鮫島　『見聞記』には「清酒は（値段が）高い」という記述があります。西南戦争の後、酒税が飛躍的に上がったという事実がある。明治32年には酒税が地租を抜いて国家財源の1位になるほどですから。西南戦争までは、鹿児島はある意味で治外法権みたいなもので勝手なことをやっていますが、その後は明治政府の言うことに逆らえない。たぶん、清酒の値上がりがすさまじく、庶民には手が届かなくなった。

もう一つ。『見聞記』には、薩摩の清酒は「造り方が稚拙」とも書いてある。従って、清酒の文化は一部「上酒」の世界で残ったけれども、一般的には焼酎が市場を席巻したというふうに思われます。

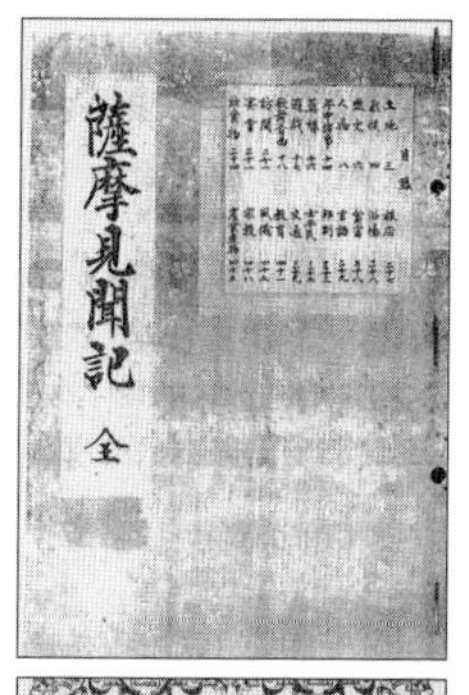

『薩摩見聞記』
著者の本富安四郎は新潟県出身。明治22年、小学校教員として鹿児島に赴任。当時の薩摩を詳細に観察、記録し、明治の鹿児島を知るバイブル的著作。
『鹿児島縣治弌覧概表』
西南戦争で荒廃した鹿児島の復興に向け、明治11年頃の鹿児島県の実態を統計資料として詳細に調査・整理したもので、鹿児島県統計年鑑の原点といえる書。

原口　南九州にも造り酒屋はあった。なかでも有名なのが鹿屋（鹿児島県）の〈桜川〉、都城（宮崎県）の〈稲荷山〉です。〈桜川〉は、なかなかの銘酒で、琉球王に献上したという史実もある。「みりんのように甘い酒」ではなく、ある程度のレベルの酒は造られていたのではないでしょうか。参勤交代の行列が通過する市来港、阿久根のような所ではそれなりにニーズもあったでしょうし、地域によっては、それなりの「清酒文化」があったと推察できます。

「酒宴」を効果的に生かした坂本龍馬と小松帯刀

鮫島　さて、では幕末・維新の頃の英傑たちをめぐる飲酒情況について話を進めましょう。まずは島津藩主・島津斉彬公。

原口　藩主は生活の場が薩摩、江戸の両方にあり、重要な任務は幕府との折衝や他大名たちとの付き合い、さらには京都においての公家たちとの親交です。茶の湯、お香といった嗜みにも通じていなければならず、また、島津家では食膳外交を頻繁に行っていた。酒は外交の重要な道具であり、他藩に劣らない超一流の食文化・酒文化を備えていたはずです。

鮫島　斉彬の具体的な飲酒にまつわる資料はありませんか。

原口　彼自身の飲酒の詳しい記録はありませんね。幼少の頃から随従していた山田為正の日記が残っていますが、斉彬が酒を浴びるほど飲んだという記述はなく、また、酒を嫌っていたという話も出てこない。彼の性格からして上品な嗜み方だったのではと推測するしかない。ただ、斉彬がジョン万次郎に酒を下賜したという記録はあります。

鮫島　藩内を巡回した折に、庶民に焼酎を下賜したという記録もありますよね。

原口　一方で、嘉永6年に海岸防備を視察した折、「時節柄、過剰な接待はするな」と、酒宴を禁止したというような記録もある。

鮫島　バランスのとれた名君ですね。斉彬に関してはこういった話もある。「芋焼酎で米焼酎に負けない酒を造れ」と命じているんです。

当時は、米焼酎の方が上等な酒に位置づけられていた。しかし、薩摩藩はあまり米が穫れない。当時、火薬の原料に米から造るアルコール（米焼酎）を使っていたこともあり、他藩から大量の米を購入しなければならなかった。芋で酒を造るのは「新しい田地を開墾するのと同じ意味がある」と諭した。また、酒造りの技術は他にも生かせると思ったのでしょう。「医薬にもなる芋焼酎の製造法を研究せよ」とも言っています。

原口　施政を説明するのに説得力ある言葉を用いるのが名君なら、まさしく斉彬は名君ですね。薩摩の蒸留技術に革新的な役割を果たしたのは確かでしょう。

鮫島　実は、明治の後年になって薩摩の焼酎造りは大きく変わるのですが、斉彬が長生きしていれば、もっと早くに芋焼酎の「かたち」が変わったかもしれない。

原口　島津斉彬が長生きしていれば、安政の大獄のターゲットは薩摩だったでしょう（笑）。

さて、久光側近の薩摩藩家老・小松帯刀に関しては、酒をかなり飲んだ史実がはっきりしています。あの時代の酒豪の一人が帯刀でしょう。慶応2年6月に、イギリスのパークス公使一行を薩摩に招くのですが、その折のパーティーを彼が仕切る。すべての食材・料理の記録が残っているのですが、用意した酒はシャンパン、シェリー、ビール、日本酒…。その後、幕府には内密にイギリスが薩摩を支援することになるのですが、大坂での徳川慶喜をはじめ幕臣が多い席で帯刀が羽目を外し座を盛り上げる。同席していたイギリス側は、帯刀が酔った勢いで幕府側に尻尾を捕まれるようなことを口にするのではないかとハラハラする。

ところが肝心なことに関しては口が堅い。アーネスト・サトウ（外交官、後の駐日公使）が書いています。「これほど見事な家老はいなかった」と。当時の英仏の駆け引きや薩長同盟ほどの大事ではないですが、私もＮＨＫの番組をお手伝いした時は、かなり前から配役や筋立てを知っているわけですが、酔っても「機密」は守りました。

鮫島　原口先生もかなり陽気な酒。本当に口にチャックできましたか。

原口　肝心なところはしゃべっていません（笑）。本当に言ってはいけないことに回路が働くのが、いい酒飲みなんでしょうね。

それはともかく、小松帯刀は、33歳で死んだ坂本龍馬と同じように35歳の若さで死にましたが、各藩の門閥クラスと外交をやり、西郷、大久保や龍馬とも腹を割って話し合う。帯刀と龍馬の肝胆相照らす仲は酒抜きでは考えにくい。政治力を培ったり、情報を入手する場は料亭。これを一番活用したのが帯刀と龍馬だったと思います。

両人とも酒が好きだったんでしょう。龍馬は「いろは丸事件」で、こんな芸当を演じています。海援隊が伊予大洲藩からチャーターした「いろは丸」と紀州藩の明光丸が衝突、「いろは丸」が沈没した事件です。御三家の軍艦との衝突ですから、泣き寝入りでもしょうがないところですが、龍馬は賠償金を要求する。その交渉が難儀する局面に、龍馬は、長崎の花街・丸山で、自作の歌「金をとらずに、国をとる」を流行らせるわけです。大藩の面子もあって紀州藩が折れ、結局、龍馬は七万両をせしめる。

酒席を厭わぬ西郷。大久保は「宴会男」だった？

鮫島　それにしても、龍馬は粋人ですね。酒もうまく飲むし、歌もうまい。三味線も弾いたそうですからね。朝帰りしてお龍の機嫌が悪かった時、即興で歌をつくって、お龍を和ませてしまう。ところで、西郷隆盛は酔った記録がない…。

原口　下戸だったという説がありますね。でも酒席が嫌いだったわけじゃない。実は、焼酎のいいところがそこで、飲めない人も付き合える。床に盃を傾けてこぼすのも、また酔って寝てしまうのも礼を失することではなかった。「おおらかさ」というのは、薩摩の焼酎文化のキーワードの一つだと思いますね。

鮫島　確かに。その「おおらかさ」は、現在の焼酎文化にも息づいています。

原口　西郷自身の酒の話ではないんですが、第一次長州征伐の折の逸話が残っている。幕府側総督は尾張藩主・徳川慶勝、総督参謀は西郷で、15万の兵を広島に集結させる。ところが、勝海舟が西郷に会い、「長州を攻めるな」と。最終的に長州も恭順を示し、徳川慶勝が及び腰になって戦は回避されるんですが、この一幕を肥後藩の京都留守居役・上田休兵衛が「慶勝は芋焼酎に悪酔いしている。その焼酎の銘柄は大島だ」と怒った。「大島」とは、奄美大島に流されたことのある西郷のことです。

鮫島　愉快な逸話ですね。もう一人の英傑、大久保利通はどうでしょう。彼の場合は、酒席に登場する場面がほとんど出てこない。酒に関しても謹厳実直を貫いたということでしょうか。

原口　家庭では紅茶にブランデーを入れて飲んでいたという記録はありますから、飲めるほうだったと思います。父の利世は沖永良部島に都合四年のあいだ役人として赴任し、その後、喜界島に五年間流されます。泡盛、黒糖焼酎を飲めなかったはずがないと想像します。その息子の利通もたぶん飲めた。大久保は京都の花街で覚えた箸拳（京都では「きなはれ拳」、薩摩では「なんこ」という）で客を接待したり、長州藩との宴会で得意芸の畳回しを披露して殺気立った雰囲気を和ませたりする宴会男だったようです。

鮫島　大久保公が席に着くと、それまでの私語が消え、座が静まりかえったと言われています。飲める飲めないではなく、政治家として、大久保はそういうスタイルを採ったということでしょうね。

原口　酒を飲むというのは、ある種の錯覚を受け入れるということ。西郷や龍馬はそれを承知の上で利用した。大久保はそれを否定して、あくまで理性的に対処した。飲んで心中をさらけ出すのは絆を深めることもあるが、簡単には心を開かず「畏れられる指導者」が必要な場面もある。宴会男といってよい大久保は明治になって変わっています。大久保が意識して酒席を避けたとすれば、なおさらストレス解消の意味での酒は必要。一人酒は、間違いなくやっていた（笑）。ただ、やはり、日本人は、西郷や龍馬の方に親近感を覚える。

江戸、京都に運ばれていた「芋焼酎」「豚肉」

鮫島　ところで、薩摩藩士にしても、京都では清酒を飲む場面が多かったでしょうね。

原口　少なくとも、京都にしろ長崎にしろ、花街では清酒ですね。ただ、こういう記録があります。小松帯刀の京都屋敷で薩長同盟を成就させた折、薩摩藩次席家老の桂久武が奄美大島赴任中に抱えていた料理人を京都に連れてきているんです。ならば、豚肉は持ってきていたでしょうし、これには清酒より焼酎の方が合いますから、密約の席で焼酎が供された可能性はある。

ついでに言いますと、徳川慶喜は大の豚肉好きで、小松帯刀に豚肉を4回にわたって所望している。小松は大久保利通への手紙の中で、自分の手元になかったので、部下たちにも聞いてみたが、人様にやるほどは持っていないという返事であった。慶喜の厚かましさにあきれると書いています。つまり、江戸、京都の薩摩屋敷には豚肉は運ばれていたことがわかります。であれば、焼酎も運ばれていたと考えるのが自然でしょう。

それ以前、18世紀半ばに薩摩藩が携わった木曽川の治水工事現場に、薩摩焼の大徳利が残されてもいます。中味は焼酎だったはずです。

鮫島　他藩出身の武士が焼酎を飲んだという文献はありますか。

原口　岩崎弥太郎の日記に出てきます。「早く起きて、天まさに雨…」で始まる慶応3年5月9日の日記。この日は、長崎から唐津に石炭を買いに行き、長崎への帰り道のことなんですが、有田の手前あたりで「酒の店に投宿」とあり、「焼酎を請う」と書いている。何の焼酎かは不明ですが。

鮫島　たぶん、粕取り焼酎…。

原口　ああ、そうでしょうね。それにしても、弥太郎もよく酒を飲む。日記には「置酒（ちしゅ）」という言葉が頻繁に登場します。しかも、しょっちゅう明け方まで芸妓をそばに置いている。彼の日記がしばらく公開されなかった理由がよくわかる（笑）。「酒色の二道は大禁」「同枕（どうちん）せず」と自分で書いておきながら、「禁」を破りっ放し。さて、唐津行きのひと月後6月3日の日記には龍馬との面談が描かれています。午前、後藤象二郎と公務を談じ、午後「龍馬来たりて酒を置く」と。会談の様子を描いた後、弥太郎が心を開き、「龍馬、手を打ちてヨシと称す」とある。龍馬と弥太郎の間にも酒は欠かせない。

鮫島　それぞれの酒への接し方があるけれども、幕末・維新の志士たちが生きた時代は、現代よりも酒の持つ意味合いが大きかったということは言えそうですね。

原口　上級武士にとっては外交の手段、情報収集の手段として「酒」が欠かせなかった。下級武士であっても、共同体としての絆を深めるのに、あるいは、事を起こす時の気合いを込めるために「酒」が欠かせなかった。さらに言えば、桜田門外の変の折、水戸藩・薩摩藩の浪士たちが血判状を押す際に酒を飲みますね。あれは、覚悟を共有する意味合いと、もう一つは神聖な儀式という意味合いもあった。もっとも、この種の儀式は現在ではヤクザの世界でしか残っていないかもしれない。

鮫島　生活様式や世相が変わったのですから、「酒」に対する、あるいは「酒宴」や「酒縁」

に対する考え方も変わって当然ですが、ただし、酒の持つ意味合いが丸ごと変わってしまうわけではない。現代でも酒が果たす役割は大きいと思っています。

原口　ただし、一つ気をつけなければいけないのは、あの時代は人生50年の時代だったということです。今は人生90年になろうかという時代ですから。たとえば、薬物中毒なんてのは、常用していても昔はそれほど問題ではなかった。どうせ人生50年ですから。梅毒はそれなりに問題だったでしょうが、これも人生50年で考えれば現代人が思うほど怖くはなかった。さて、酒、タバコを現代社会でどう位置づけるか。「酒」「酒文化」が果たす役割について、構築し直す必要はあると思います。

米麹の比率を上げ「どんぶり仕込み」排す

原口　ところで、話は変わりますが、当時の薩摩の芋焼酎は臭かったでしょうね。

鮫島　『薩摩見聞記』には「衣服ことごとく臭う」と書いてある。しかし、江戸時代・寛政年間に生きた橘南谿（たちばな・なんけい）が『西遊記』に「味、甚だ美なり」と書いているように、他藩の人にまったく受け入れられなかったわけではない。橘南谿は京都の医者ですが、芋焼酎を気に入って、蒸留器を持ち帰ったほどです。

原口　前段で、島津斉彬が「うまい芋焼酎を造れ」と指示した話がありましたね。当時の焼酎造りの技術革新はどのようなものだったのですか。

鮫島　江戸時代にも、「薩摩芋の皮は全部むく」「発酵して三日目に絹の袋に入れ、笹の葉の黒焼きを入れる」「蒸留では最後まで取らない」といった文献があります。いろいろ考えているわけです。ただし、明治初期は技術革新が行われないまま大量生産された時期があり、一部、吟味されながら造られた良質の焼酎があったとしても、一般的にはかなり臭かったのではないかと推察されます。

原口　さきほど「明治も後年になって焼酎造りは大きく変わる」という話でしたが…。

鮫島　酒税が地租を凌駕し国家財政に占める位置づけが飛躍的に高まるのが明治30年代です。それを受けて、清酒の腐造防止・火落ち防止のために、国家機関として醸造試験所（現在の独立行政法人酒類総合研究所）が設立されます。それが明治37年。その頃、日露戦争を背景にした好景気時代に一種の焼酎ブームが起きるのですが、戦争が終わると造り過ぎによる乱売合戦で酒蔵が苦しくなる。

そこで、政府は酒税滞納を理由に免許を取り上げ、鹿児島でも３０００軒ほどあった蔵が約１割にまで減ります。余談ながら、その「蔵つぶし」には県内の政財界が新聞社を巻き込んで「反対」の大キャンペーンをやるんですが、それをもって、「鹿児島の大正デモクラシーの火付け役は焼酎だった」と当時の新聞に書かれています。

結局は政府の方針に抗えなかったのですが、ただし、ここで生き残った蔵は生産性が上がり、体力がつく。そこで製造方法の見直しが始まるわけです。

原口　なるほど。具体的にはどう変わったのですか。

鮫島　まず、米麹と芋の比率が変わるんです。薩摩では米が貴重でしたから、重量比で芋

100に対して、江戸時代の米麹は7、明治の終わりは12。そして大正にかけては芋100に対して米麹20。つまり、米麹の比率を上げた。ちなみに現在も米麹20に対して芋100という割合です。

江戸時代から明治にかけては、蒸した米麹と薩摩芋を甕に同時に入れ発酵させる「どんぶり仕込み」という手法でした。麹菌も当時は清酒と同じ黄麹で、クエン酸をつくらない。薩摩芋は蒸せば甘くなり、汚染されやすいですから、ちょっと失敗すると腐造してしまう。清酒の場合は、この「どんぶり仕込み」を重ねていく方法です。最初は少量の仕込みで酒母を造り、よい管理状態を保ったまま酵母菌を増殖させ、酒母に米麹、米、水を3回に分けて加えていく手法です。これを清酒では低温の状態でやりますから、汚染されにくい。

当時、鹿児島で芋、米の双方の焼酎を造っている蔵もありましたが、清酒式の二段仕込みをやって米ではうまくいっても、芋では難しい。私自身、薩摩酒造の明治蔵で江戸時代、明治時代の芋焼酎の復元を経験していますが、当時の米麹の比率で「どんぶり仕込み」をやった時の初期段階は「どろどろの味噌」みたいな状態です。

原口　というと、明治の終わりに、その「どんぶり仕込み」を廃して、新たな発酵方法を…。

鮫島　はい。そこで考え出されたのが、米麹と水だけで一次醪と呼ばれる酒母を造る。その段階で酵母を増殖させ、その後に芋を加える。すると、蒸した芋の糖分を酵母が直ちにアルコールに変えてくれるわけです。そうすると安全性が高まる。

原口　その辺りの技術転換は文献・資料で検証されているんですか。

鮫島　現在に至る新しい発酵のスタイルが、残された資料で初めて確認できるのは明治36年です。当初は試行錯誤が繰り返されたのでしょう。この造り方が定着するのは大正になってからだと考えます。

なぜかと言いますと、「製造帳」、つまり税務署の正式な書式に表現される言葉から類推できるんです。明治の終わりの頃は、「酛（もと）」「留（とめ）」といった清酒造りの用語が出てくる。これは「どんぶり仕込み」だからでしょう。この表現が大正になると、「一度」「二度」となる。これは鹿児島弁で言う「いっど」「にど」で、同じものを加える時の言い方です。

ところが、新しい方法が定着すると、「一次」「二次」と変わる。「一度」「二度」は同じ作業の繰り返しですが、「一次」「二次」はやっていることの内容が違う。この間、明治42年頃には沖縄から黒麹菌を導入する。この黒麹菌はクエン酸を生産し、雑菌汚染防止の効果が高い。そしてこのクエン酸は蒸発しないので焼酎には含まれません。黒麹菌はまさに焼酎のためにある麹菌といえます。これも定着するのは大正になってからです。

原口　では、現在の芋焼酎の「かたち」は、明治終盤から大正にかけて確立されたとみていいと…。

鮫島　はい、そう思います。

芋焼酎の「お湯割り」は大正時代以降

原口　その技術革新は、芋以外を原料にした焼酎にも影響を与えたということはありますか。

鮫島　昭和17年ぐらいになると、税務署の指導で、この発酵方法が他県にも広がります。熊本の球磨焼酎にも、壱岐の麦焼酎にも。壱岐の麦焼酎は、かつては清酒式の三段仕込みだったのですが、米麹だけで酒母を造り、二次仕込みで蒸し麦を加えるという方法に変わったわけです。

いずれにしても、この造りが定着したことで、風味が洗練され、産業界の近代化にも影響を与えたと言っていいでしょう。「どんぶり仕込み」のままでは、大きな設備にはなりえないので、大量生産はできません。

原口　酒の「かたち」は、国家財政や社会状況によって、大きな転換を果たすことがあるというのは、面白いですね。

ところで、飲み方はどうなんでしょう。「お湯割り」はいつ頃発生したのでしょうか。

鮫島　「お湯割り」は、明治の文献では出てきません。鹿児島県酒造組合連合会誌には、古老の話として、大正時代からではないかという話が出てきます。また、鹿児島大学の昔の学生は「金がなくなったので、焼酎を割って飲んだ」と書き残しています。これは、大正6年の記述です。

原口　18世紀後半の薩摩の風俗を残した文献『倭文苧環（しずのおだまき）』で、「囲炉裏端で焼酎を」というシーンが出てきますが、これは「温めた」であって、「お湯で割った」ではない…。

鮫島　そうですね。『薩摩見聞記』でも「温める」表現は出てきますが、「割った」という表現はない。それにしても、蒸留酒をお湯で割るというのは、一つの大きな転機。背景にあるのは、やはり日本酒の飲み方の影響を受けたということでしょう。ロクヨン（焼酎6・お湯4）は、アルコール度数にしても温度にしても、燗酒とほぼ同じですから。

原口　鹿児島は暑いのにもかかわらず、お湯で焼酎を割るようになった。たぶん、京都の料亭文化、茶屋での清酒の飲み方が伝わったということでしょうね。ああいうふうに飲みたいという強い思いがないと生まれない発想だと思うんですよ。

鮫島　鹿児島に清酒が豊富にあれば、芋焼酎のお湯割りは生まれなかったし、生まれたとしても広まらなかったでしょうね。

「酒」抜きでは維新ならず　龍馬とお龍の縁結びも「酒」

原口　さて、いろいろ話してきましたが、締めはやはり龍馬の話に戻りませんか。

鮫島　ぜひ。日本人初のハネムーンといわれる龍馬とお龍の薩摩滞在。原口先生の「龍馬と芋焼酎」考察を聞かせてください。

原口　龍馬が薩摩で芋焼酎を飲んだという記録があるわけではありません。しかし、私は、かなりの確信を持って、「龍馬は芋焼酎が大好きだった」と言いたい。

龍馬とお龍の結婚生活のうち、慶応2年3月10日からの約3カ月を二人は薩摩で過ごします。うち28日間は霧島の温泉でほぼ二人っきり。土佐、江戸、京都、長崎、下関…あれほど忙しく動き回った龍馬が、片田舎の温泉で濃密な二人の時間を過ごすわけです。たかだか落差30数mの犬飼の滝を観て「この世の外（そと）かと思われる珍しき所なり」などと感激している。しかし、ですよ。当時の霧島なんて何にもない。新婚だろうと何だろうと、あれだけ生き急いだ粋人の龍馬が、長い逗留を我慢できた理由が何かあるはずです。となると酒食しかない。霧島には地元の田舎料理と焼酎しかない。それに龍馬は満足したとしか考えられないのですよ。

龍馬といえば、軍鶏（シャモ）が大好きだったことは有名です。慶応3年11月15日に暗殺される晩、馴染みの峯吉に軍鶏を買いに走らせてもいる。霧島の食い物といえば、軍鶏、山鳥、豚、あとは高菜などの漬け物、ガランツ（鰯の干物のこと）でしょうか。これらと焼酎は合うし、これを龍馬は気に入った。それもそのはず、薩摩と土佐は同じ黒潮文化。食の好みもそう違わなかった。こんな光景を想像します。龍馬が愛用のスミス&ウェッソン（拳銃）で鳥を撃つ。鳥も面食らったでしょうね。「おい、この時代にピストルかよ」と（笑）。それを肴にお龍と焼酎を飲むわけです。

鮫島　当時の霧島に清酒があったとは考えにくい。

原口　途中で、小松帯刀の逗留先にお見舞いに行きますが、その折ぐらいは清酒を飲んだかもしれません。他はほとんど焼酎だったでしょうね。ついでに言うとお龍もかなりの酒豪。後年、横須賀で一升酒を飲んでいたという証言があるほどですから。そして、龍馬とお龍の出会いも酒が縁です。元治元年5月に二人は出会いますが、6月1日の京都・一力での宴席にお龍は男装して加わります。その折の飲みっぷりに龍馬は惚れたというのが、私の見立てです。

鮫島　幕末・維新の頃は政治、経済、外交いずれも酒抜きでは考えられなかった。酒抜きでは時代は変えられなかった。そして、酒抜きでは龍馬とお龍は結ばれなかったという話で、この対談を締めくくることとしましょう。

（座談会は２０１０年9月21日実施）

本格焼酎造りに携わってきた技術者二人の視点

技術に裏打ちされて産地の「個性」「文化」は磨かれる

下田雅彦 × 鮫島吉廣

三和酒類 代表取締役社長

●しもだ・まさひこ●１９５５年大分県豊後大野市出身。大阪大学工学部発酵工学科を卒業し、菊正宗酒造入社。「焼酎ブーム」が全国的に話題を集めていた１９８４年（昭和59年）、大分県に帰郷し、三和酒類株式会社に入社。取締役研究所長、常務取締役、専務取締役、取締役副社長を経て、２０１７年（平成29年）10月から代表取締役。鹿児島大学焼酎講義で教壇に立つなど、後進育成にも取り組む。１９９８年（平成10年）、工学博士号（大阪大学）取得。

三和酒類で35年にわたって麦焼酎造りに携わってきた下田雅彦氏は
2017年10月、社長に就任した。
九州のリーディング企業の中で、
創業家ではない技術者がトップに立ったのは初めてのことだ。
大学で発酵工学を修め、焼酎以外の酒類大手メーカーを経験した後、
数年後に故郷・九州に戻って本格焼酎造りに携わるという同じような
道を歩んできた二人の技術者が、「本格焼酎造り」について語り合う。

転職して焼酎の世界に飛び込んだ

鮫島　大学卒業後、私はウイスキーの会社に、下田さんは日本酒の会社に就職。8年ほどのタイムラグはありますが、二人とも数年後に地元に帰り、焼酎業界に転職するという共通の経歴がある。転職は何年ですか？

下田　昭和59年です。

鮫島　その頃、焼酎業界は大変な時代でした。実際のところ、私自身も焼酎業界のことは全然知らずに、畑違いのところに入ったようなものです。だけど、違う世界からみた視点というのは、その後、非常に役立っているような気がするんですよね。

下田　そうですね。よくわかります。

鮫島　ウイスキーからみて、焼酎というのはとても不思議にみえたものです。ウイスキーという酒は、非常に清潔な環境で純粋培養が基本になっていて、汚染というものを非常に嫌う。そこに気を遣うわけです。

ところが、焼酎というのは、我が故郷ながら、きれいな環境で造っているとは、とても思えなかった。一体、どうやって造っているのだろう。清酒とは違うにしても、あんなに暑いところで、どうして造れるんだろうか。不思議に思って、夏休みに、薩摩酒造に見学に行ったことがあるんですよ。

下田　入社する前の話ですか。

鮫島　そうです。入るつもりは、その時まったくなく、単に「焼酎造り」への興味です。8月の旧盆の頃だったのですが、「作業してません」と言われ、えらくガードが堅いなあと思ったものです。見学を断られたのだと勘違いしたわけです。

下田　後になって、仕込みの時期ではないと気づいたわけですね。

鮫島　芋が本格的に穫れるのは9月からだということに、もともと地元で育っていながら、気がついていなかった。その後、麹がクエン酸をつくるとか、南国向きの焼酎製造法は面白いなと思っていく。その頃、菅間誠之助先生（故人、元国税庁醸造試験所の研究室長）の『見なおされる第三の酒』（昭和50年刊）が出た直後だったこともあり、新しい酒として、本格焼酎は勉強してみる価値があるな、面白いなと興味が膨らんでいくわけです。焼酎造りは、人間味があると感じる。芋の収穫から季節がどんどん変わっていく中で造られる様子にも、地域的な文化を感じるんですね。下田さんはもともと、焼酎に関心があって転職されたのですか。

下田　そうじゃないです（笑）。成り行きでそうなりました。出身は大分です。昭和54年に社会に出て、清酒メーカーに勤めるようになりました。三和酒類に入ったのは昭和59年ですから、5年、清酒業界にいた。

鮫島　私はウイスキーに4年でした。

下田　当時は技術者としては駆け出しなので、清酒のことで頭がいっぱいでした。なぜ、三和酒類に入ったかというと、高校の時の同級生と結婚をして、お互い大分出身なのでUターンをしたわけです。大分には当時、人材登録という制度があって、それに登録したら、当時の三和酒類社長の和田昇さんから声がかかって、「一度見に来んか」といわれたのが昭和58

年。当時、山本工場（現在の本社工場）ができたばかり。そういういきさつです。鮫島先生の場合は？

鮫島　実家（鹿児島県加世田市＝現南さつま市）の家業だった菓子屋を継ぐという理由でニッカウヰスキーを辞めました。実家で見習いをしている頃、昔から知っていた本坊鶴吉さん（当時、加世田市商工会議所会頭）とお会いした。それが転職のきっかけです。ニッカの経験があってこそ、薩摩酒造でそれを生かせた。足を向けて寝られません。貯蔵酒〈神の河〉は当初ニッカの古樽を使っていたんです。新樽じゃダメなんですよ。

ところで、三和酒類は、以前から清酒も造っていたのですよね。

下田　造っていました。今も造っている。そういう意味では、清酒の技術者として、入りやすかった。

鮫島　昭和59年というと〈いいちこ〉が市場をだいぶ広げていっている時ですよね。

下田　後で考えれば、いわゆる急成長の走りでしたね。

鮫島　鹿児島にはもともと伝統的な味わいのあるものが主流で、その後〈いいちこ〉など新しいタイプの焼酎が出てきて、市場が激変した時代です。激変している最中というより、僕は、激変する前から、こんなのが出てきたと大分の麦焼酎にびっくりした記憶がある。鹿児島の芋焼酎は新しいタイプに押されて、これからどうするかということを考えた時期でもありました。

だから芋焼酎の酒質の向上は、大分の麦焼酎の影響が非常に大きかったと思う。若い人たちに飲んでもらえるような焼酎は鹿児島にはなかった。大分の麦焼酎が市場の裾野を広げていったことは、大きなインパクトを与え、鹿児島の業界にも非常に大きな影響を与えました。具体的な技術面でいえば、たとえば、芋であれば何でもいいという時代から、芋焼酎に合う芋はどんな芋なんだろうとか考えるようになった。

ただ、その後の市場は、新しいタイプ一辺倒にいくかというとそうではなく、芋焼酎ブームのような時代もあった。伝統的な味わいのものと、大分の麦焼酎に代表されるような新しいタイプの酒質のもの、もう一つ、熟成したタイプのもの。大きく分けると三つに分類でき、それぞれが、芋焼酎にも麦焼酎にも存在し、市場を拡大していったと思います。

入社早々、「研究所」開設に着手

下田　私が入社したのは〈いいちこ〉を発売して5年が経過した時期なのですが、それまで焼酎には正直馴染みがなかった。大学も関西だったので、飲み手としても清酒にどっぷり浸かっていた。最初に〈いいちこ〉を飲んだ時に衝撃を受けた。すごく華やかでクセがなくて、これまでのイメージを一新する焼酎だった。飲める。飲みやすい。おいしいと…。

ただし、おいしいと思ったことが入社の動機ではありません（笑）。入社してからの衝撃です。もう一つ感じたのは、当時、誘って頂いた和田社長や創業者の方々にお会いして、自分の性格に合うなと思ったのは事実です。

鮫島　自分の性格に合うと…。

下田　三和酒類の「和を以って貴し」という社是に象徴される社風と、研究開発を大切にする姿勢ですね。入社早々に、研究所を立ち上げてほしいと言われました。振り子天秤がたった一つ置いてあるだけの部屋に案内されて、「ここを研究室にしたい」と。研究ができる組織づくりもやってほしいと。

〈いいちこ〉がヒットしたばかりで勢いがあると感じたのです。会社の雰囲気もいい、自分の技術が期待もされている、やりがいがある――これはラッキーだと思いました。その頃、白波さんには研究室はありましたか。

鮫島　私が入ったあとです。私が薩摩酒造に入社したのは昭和51年ですから、下田さんの8年前の里帰りですね。

下田　私も研究員第一号です。大卒の技術屋は私が第一号でした。

それにしても、清酒は文献がいっぱいあるが、焼酎、こと麦焼酎に関しては、論文がまったくなかった。

唯一あったのが、鮫島先生の論文「麦焼酎の原料処理」で、製麦歩合と吸水と酸に関するものでした。真剣に読みましたよ、何回も。三和酒類は研究所を立ち上げる段階だけど、薩摩酒造は10年先を行っているなというイメージでした。

鮫島　それだけにやることがすべて新しい。私たちは、ある意味で非常に恵まれていたということでしょうね。

下田　先生はウイスキーから入られた。蒸留という切り口で、ウイスキーの技術を焼酎に生かすことができたと思いますが、私は、清酒の技術を麦焼酎造りの中にうまく合わせていったという感覚です。やることはたくさんあった。

鮫島 入社当時、杜氏から「先生、先生」といわれ、からかわれたのを、ふと今、思い出しました。

下田 前の会社では私もそうでした。当時は、20代の若造ですからね。

鮫島 あれは半分イジメだったんじゃないかと思いますよ。

下田 確かに。偉そうにしていたわけじゃありませんけどね。

本格焼酎独自の「麹の世界」

鮫島 今、麹の文化を大切にしていらっしゃるようですが、その発想の原点はどこにあるのですか。

下田 麹で苦労したという一言に尽きます。麦麹という難題。それは苦労しました。米の吸水はちょうど麹菌にとって最適なところで止まって、蒸したらちょうどいい。麦の場合は倍くらい吸水してしまって、べちゃべちゃな麦になる。そうなると、麹にならない。かといって、堅すぎると酸が出ない……。

鮫島 麹同士が「しまる」と表現しますが、つまり、麹の菌糸が絡まって割れてきて、そこしか風が通らないために、よい麹ができなくなるということですね。

下田 ええ、麦麹を安定的につくるというのが、まず最大の課題でした。そもそも麦麹に向いている麦はどんな麦だろう。それも答えがない。麹を切り口にして様々な技術開発をしてきました。並行して、酵母の開発もやりましたが、何といっても麹には苦労しました。

鮫島　技術的なところでは、麹は難しく、だからこそ面白いという一面がある。そしてもう一つ、麹のもつ文化性があるのではないでしょうか。

下田　鹿児島県の芋焼酎、熊本県の球磨焼酎、壱岐の麦焼酎、沖縄県の泡盛に比べると、大分県の焼酎は、伝統・文化性が弱い。新興勢力であり、いわゆる焼酎文化の蓄積がなかった。文化の厚みを今からつくらなければならないということをすごく意識しました。

鮫島　麹というのは、日本の中にいると当たり前なんですけど、もともと外来のウイスキーの酒造りから入ってきた立場としては、麹はどんな働きをするのかと思ったものです。

ウイスキーのような麦芽の世界から見た麹は、摩訶不思議な世界です。最近、外国人が興味を持つのが麹ですね。焼酎のセミナーなどには世界中から自費で集まってきて、とても熱心です。彼らは、麹と並行複発酵——この二つに興味を覚えるようです。カビで酒を造って、こんなよい香りがするなんて信じられないという。そこに東洋の神秘のようなものを感じるようです。そこは今後、本格焼酎が海外に出て行くための切り口にもなりうるんじゃないでしょうか。

下田　おっしゃる通りで、あまりにも身近すぎて、麹文化の良さを深掘りしてない。科学的な研究対象としてはやっているが、お酒としての麹の役割、品質の関連性、魅力や多様性にあまり眼が向かない。ただ、私自身の立場では、九州他県のような文化や歴史がない分、麦麹に眼を向けようと、そういう思考の経緯をたどったわけです。麦麹で麦１００％の大分麦焼酎を極めようと…。濾過とか精製の技術もあるけれど、かなり早い段階から麦麹の酒を極める、麹文化の酒を極める——ということを標榜してきた。

鮫島　麹は、常圧蒸留では麹の香りが出てくるという一面がありますね。麹がなくても酒は造れるが、麹があるから面白い。一度、酵素の組み合わせだけで焼酎を造ったことがありま す。その際、香りは計算してできるが、ところが味がまるで違った。麹の味の深み。まだそこは、よくわかってないところもあるが、それだけに非常に面白い。

下田　私は清酒から入ったので、清酒でいう一麹・二酛・三造り。麹は大事な工程で、たとえば麹の突きはぜ、堅いやわらかい、麹歩合とかの表現が昔からある。洋酒の世界からみれば神秘な世界に映るでしょうね。

鮫島　麹に熱を加える——生き物に熱を加えたら匂いが出る。これはいい面と悪い面があり、焼酎の世界で際立ちます。焼酎にとっての麹は、清酒とは違う世界がある。もちろんウイスキーとはまったく違う。焼酎独自の麹の世界というものをつくって、それを広め、深めなければならない。

技術者のスタンス

下田　「酒」というものの基本だと思いますが、香りと味の調和がとれていないと酒飲みの酒にはならない。麹は味を決める縁の下の力持ちです。酵素をいかに働かせるか、これは技術だ。主役は酵母であって、麹菌は脇役。とにかく麹をよくしないといけない。〈いいちこフラスコボトル〉は全麹仕込みですが、実は、全麹仕込みという製造方法は、それまで10年ほど黙ってレギュラーの〈いいちこ〉のブレンドに使っていたんですよ。

鮫島　お酒を飲む技術者は、味のある酒を造ろうとする。酒をあまり飲まない人は香りを重視する。そんな傾向があるような気がします。焼酎とスピリッツの決定的な違いも、（味わいへの影響が大きい）麹を使うか、（香りへの影響が大きい）樽を使うか——ここにあるといってよいでしょう。

下田　洋酒と和酒の違いとして述べておきたいのは、和酒は余韻が続く、旨みが残るというイメージ。だから料理と食べてもつながる。洋酒の余韻は後を引かない。つまりドライ。洋酒はハードボイルドなんです。ウイスキーのハイボールは料理とはつながらないと思います。特に和食には合わない。余韻が切れてしまうから。

鮫島　私自身、どんな酒でも飲みますが、刺身を出されたら、清酒か焼酎を注文する。ビールも合わないですね。

下田　麹が旨み。当社はスピリッツ〈WAPIRITS TUMUGI〉を発売して、焼酎との両面作戦でいくと宣言しましたが、現状は焼酎の可能性を探っていくので精一杯の段階ではあります。

鮫島　若い人がこうあるべき——と、凝り固まってはいけないということですね。焼酎造りは、個人的にやりがいのある仕事です。ウイスキーに比べて勝負は短期間。俺が造った、お前が造ったといえるのが本格焼酎です。

下田　優秀な菌を使っていい酒を造るという流れがあって、その流れの中では、様々な菌が混在して、味に深みが増しているんだという発想が見落とされがちです。麹菌はいろんな菌が集まった複菌、一方で酵母は単菌といえる。

鮫島　昔は黄麹を使って、（蔵付きの）乳酸菌をうまく使っていた。それが純粋培養の世界にのめり込んでしまった。昔の造りでは酢酸をつくり、それ由来の酸味は甘味でもある。酵母の酸味は（酒に）やわらかさを与える。我々技術屋は、温度と酵母を徹底的に管理するというのが前提です。ただし、管理を徹底して無難にやったら、酒も無難にしかできない。（昔の）杜氏の酒は違う。

下田　それはよくわかります。若い頃、杜氏の世界に飛び込んで、杜氏と技術の酒の間にちょうど生きていた。そこで、杜氏のよさ、杜氏の限界の双方をみてきた。しかし、技術に頼って画一化していく酒は面白くない。たとえばデータの蓄積は、造るうえでの理論武装に過ぎず、技術から技能の酒にするのが次のステージです。

鮫島　頭で造るのではなく、造りの現場からの視点が何より大事ということですね。

下田　駆け出しの頃、「先生」とからかわれながらも、杜氏の悩みは何か、技術屋として何をサポートできるのか――会話を欠かしませんでした。まさに、現場あってこその技術者という意識は、どんな時代でも必要です。

安定的に酒を造るということは、科学に転換しなければならない。転換できない部分の杜氏とのネットワーク、信頼関係が必要になる。微生物の世界は杜氏には見えないわけです。それを見せてあげて、トラブルを解決すると、技術屋は杜氏から絶大な信頼を得ることができる。たとえば、蒸した直後に汚染されているとは、どういうことが原因なのか、杜氏に教えてあげる。

鮫島　大きい設備に移行するときに必ず起こるトラブルはありますよね。私と下田さんは、その特有のトラブルを一つひとつ解決してきた。

下田　排水のミッションが一番記憶に残っている。一番の難題だった。

鮫島　１９９５年、ロンドン条約で海洋投棄がＮＧになった。いわゆる焼酎粕問題ですね。

下田　大分県本格技術研究会を通じて、そういう動きは事前に察知していたので、後手になることなく対応できました。大変でしたが、今となってはよい思い出です。

鮫島　それにしても、〈いいちこ〉が、ここまでになると思っていましたか。

下田　創業者の方々は、思ってなかったでしょうね。私が入った頃は、新工場をつくったにもかかわらず、すでに排水設備が足りない状態でした。

産地育成に必要な「技術の共有化」

鮫島　焼酎業界の面白いところは、芋焼酎は南九州だ、麦焼酎は大分、壱岐だ、米焼酎は熊本だ、泡盛は沖縄だ——各地で様々な焼酎を造っているにもかかわらず、風土性というものが保たれている。これは他の酒にはないですね。地域と密接に根付いているという関連性がある。風土性というのは何かというと、芋焼酎はサツマイモという原料による風土性。泡盛は、琉球王国の歴史がつくる風土性みたいなのがある。大分の場合は、先に言われたように、風土性や歴史性が希薄であるにもかかわらず、だけど、麦は大分だよね…となった。それは、酒の酒質が風土性をつくり得るという一つの証だといえるでしょう。米焼酎の主流が常圧蒸留から減圧蒸留に変わっていきましたが、風土性まではつくり上げていない感じがします。ところが、大分の場合は、一貫して、今までにない世界を磨いてきた。大分でないと造れないようなものを。他県も麦焼酎を造り始めているが、大分の牙城は崩せない気がします。

下田　まさに、それが大分県の麦焼酎が産地として生き残るための、ものすごく大きな課題です。大分県技術研究会を立ち上げたのも、麦焼酎を研究し、技術を確立し、大分県の優位性を極めようと。そこを意識して、大分県の麦焼酎メーカーは一緒になっていろんなことに取り組んできました。

鮫島　それをアドバイスしたのは、野田幸男先生（熊本国税局鑑定官室長から酒類監理官。平成3年死去）でしたね。鹿児島県技術研究会も野田先生の言葉から始まった。それまで、技術屋が集まる会はなかった。清酒を見習いなさいと。清酒は酵母研究会やら、たくさんあって、すでに技術の共有化を図っていた。お互いの会社を行き来したり、若い研究者の交流を図ったり、その存在意義は非常に大きかった。

本格焼酎は多様で自由

鮫島　〈いいちこ〉が大分県の麦焼酎の産地形成に果たしてきた役割を考える時、「砂糖添加」の件も大きいと思います。

下田　１９８４年の入社当時、〈いいちこ〉は砂糖を添加していました。86年には「角砂糖一個入ってます」の告知をするわけですが、その後、89年に砂糖添加をやめます。

鮫島　その決断はすごい。

下田　技術のバックアップがあって実現したことですが、当時の和田昇社長の「やめても大丈夫だ」という社運をかけた英断です。社内では、大論争でした。ブラインドテストで七割は「砂糖を添加していない」とわからないレベルまで持っていきました。しかし、裏を返せば三割の消費者はわかるわけです。当時の技術では、ここまでが限界だった。砂糖添加を廃止後、消費者の反応が怖かったが、一つの指標をもっていました。クレームの数です。やめた平成元年は年間で26件だけだった。そこからも〈いいちこ〉は伸び続けます。本質を見極めて決断することの大切さを学びました。

鮫島　自分を曲げてまでしたくないということはありますね。

下田　そうですね。

鮫島　それ以前、昭和50年代以降の本格焼酎の歴史をみると、原料は多様で、酒質タイプも色々あって、外からみると焼酎全体がダイナミックに動きながら、大きくなってきた。

下田　まさに本格焼酎は多様性こそが命です。焼酎ブームのきっかけをつくったのは〈白波〉さんの「6・4のお湯割り」で、「お湯割り文化」が浸透。その後、ソフトタイプの焼酎が出てきて、麦ばっかりでは、ということで米が出てきた。泡盛が並行して価値感を発揮し、再び芋の時代が来た。九州は各県それぞれに個性があって、それぞれが共存し、リレーでつないでいった感じがある。

鮫島　実に不思議ですね。米焼酎や麦焼酎を、もっと他の地域で造って売れてもいいと思うが、その前提に風土性を抜きに語れない。それが本格焼酎の優れたところであり、面白いところ。あともう一つは、自由度の高さ。これは非常に大事で、別に技術屋がいなくても、自分のアイデア一つでいろんな商品を出している。そういうことが可能なのが本格焼酎の一面でもある。非常に面白い一面で、やりがい、造りがいにつながっている。

下田　幸運もあったと思いますね。高度成長後は、画一化から多様化を求めていく時代背景があり、それも本格焼酎を後押しした。マスコミによる健康によいなどの情報提供もあった。

鮫島　酔い覚めがよい——その理由もあった。

下田　先生の持っているウイスキーの感覚が焼酎に注入され、清酒の技術が〈いいちこ〉に入って進化していった感じもある。焼酎は多様性に富み、新しい技術を取り入れながら進んでいった。

鮫島　本格焼酎業界の面白いところは、どこか一つが面白いことをやると、俺も俺もとなる。足を引っ張るのではなく、俺もやってみようという自由さと明るさがありますね。

下田　業界自体がおおらかで明るい。背景に九州・沖縄の南国気質のようなものがあるのかもしれませんね。

海外へのアピールが課題であり可能性

鮫島　人の感性に訴える焼酎造りが今後必要になってきます。若い人たちが好んで飲む酒質、ラベル、ボトルであるとか、いろんな商品が出てきつつあります。技術のみならず、商品が発する情報も多様化してくるし、その中から芽が出てくるものがあるでしょう。このあたりは楽しみです。

下田　そうですね。

鮫島　特に海外進出をする際に大事だなと思っているのが、海外の人たちは焼酎の世界にしかないものを求めている。だけど、焼酎のある意味、長所であり欠点でもあるのは、極めて日本的な酒であることです。低濃度で、さらにお湯で割って薄めて飲むというスタイル。スピリッツの世界とは別世界だ。この意味で、焼酎の可能性を我々は引き出せていない。

下田　それは、これからの課題であると同時に可能性だと思いたい。いろんな伝統的な製法が改善されて、洗練されて、国内では非常に多様性のある蒸留酒という市場をつくったが、海外からみたときのスピリッツとしてのアイデンティティー、特徴をどう説明し、アピールしていくか。そこはまだ、未着手ですね。

鮫島　これからだと思います。おっしゃるとおり、非常に大きな課題であると同時に可能性のある世界です。

下田　あと20年、30年は楽しめそうな未開拓の世界ですね。

鮫島　焼酎の世界は、振り返ってみると、もともとは清酒から始まっている。米麹と蒸し米を一緒に入れる、いわゆる「どんぶり仕込み」で、それを蒸留して米焼酎を造っていた。それを長いことやっていた。変えたのがサツマイモ。同じような造り方をサツマイモでやってもうまくいかない。サツマイモは甘いから、すぐ汚染する。そこで、開発されたのが二次仕込み法という、焼酎独自の仕込み法だった。そこで清酒の技術から脱却が図れた。そして、沖縄の泡盛造りで使われていた「クエン酸をつくる黒麹」を導入して完成させた。その技術は、麹菌のおそるべき可能性を引き出し、風土が生み出す知恵のすばらしさを感じさせます。

革命とまではいかないけれど、とにかく新しいものであれば、清酒の技術を取り込む、沖縄の技術を取り込む、海外の蒸留の技術を取り込む。独自で工夫して、芋焼酎の技術を開発していく、その歴史だった。そういった技術を基礎に、多様な焼酎造りが可能になった。その歴史は、今あるものに安住するのではなくて、可能性をどこまで追求できるのか。これからも大きな楽しみかなと…。

下田　まさにそのとおりですね。ひょっとしたら、どこかで（新しいことを）やっているかもしれませんね。

香り成分で焼酎ならではのフレーバーがありますが、我々の研究所でも随分、取り組んだ結果、少しずつわかってきたことがある。おそらく、何年か先には、麹を使った蒸留酒ならではの様々な成分とか、そういうものが出てくると思う。樽貯蔵によるいろんな魅力、麹を使った蒸留酒の魅力、酵母の魅力とか、ぜひ、若い研究者に解明してほしい。

鮫島　メーカーの側から、「カクテル用焼酎」であったり、「ストレート用焼酎」だったりを発信してもいいと思う。

たとえば、ラム酒はサトウキビから造られるが、「やっぱりカリブ海諸国で造られるラムはおいしいよね」となるのはどうしてか。技術と文化の融合ですね。そういう世界観を、原料だけではなくて、歴史も文化も、それから酒質も含めて、何を発信できるのか、どういう可能性があるのか。

我々は、よその業界から来て、焼酎に長年、携わってきた。今度は次の世代が、海外を踏まえた視線で焼酎はどうあるべきかを考えながら商品開発してほしい。あるいは、アジアの酒の連携を模索してほしい。世界最大の蒸留酒生産地は、アジアですから。

価値を整理し、説得力のある価値を創出する

下田　歴史を踏まえて、世界を視野に入れて焼酎を語るということですね。そういう意味では、製法や歴史的なところで多様性が強みだったが、逆にこれからはある程度、本格焼酎の土俵を整理して、一定の枠組みの中で価値をきちっとわかるようにしていかないと混乱する部分が出てくる可能性がある。
具体的な一つの例ですが、「芋焼酎は新酒がおいしいよね」と言われますが、蒸留酒の世界でいえば、真逆。でも現実に、芋焼酎の新酒はおいしい。一方で、泡盛の古酒は、年数が経つほどおいしいといわれる。これを聞いた西洋人は、どちらの価値が高いのかと問うでしょうが、視点がまったく違う。原料も違うし、歴史や風土も異なる。そういう部分で、様々な価値の側面があることを、我々が合意したうえでやっていかないといけない。安直に、年数が価値となってしまうことを危惧します。
鮫島　海外の一部の人からは、蒸留方法・原料・麹なんかどうでもいい、とにかくおいしい、

味のあるものがほしいという人も多い。品質のよいもの、個性のあるものを教えてくれと。

下田　でもそこには、セットで文化・伝統・物語が必ず乗っかっている。それを各々が情報発信した際に、わかりにくくなってしまうのが怖い。そこが不安です。

鮫島　それぞれの違いを押さえたうえで、そこから一つ脱皮しなければならない部分があるということですね。伝統を踏まえたうえで、矛盾するようではあるが、そこから脱皮することも必要だということでしょう。

下田　我々は早くから麹を中心に据えてやってきたが、本格焼酎のキーワードとしてまず挙げられるのが、「蒸留」と「麹」でしょう。その辺のことをきちんと打ち出していく。

整理しますと、本格焼酎の可能性は、「原料」あるいは「原料処理」、それと「醪」。醪の中には、麹や酵母をどう使うかが含まれる。そして、「蒸留」。蒸留も常圧と減圧があるが、まだ他の手法の可能性がある。そして「貯蔵」。貯蔵もタンク、甕、樫樽など、これもまだ可能性がある。「ブレンド」もそこに加えたい。ブレンドの価値もあると思います。

つまり、「原料」「醪」「蒸留」「貯蔵」「ブレンド」——この五つの要素で整理したうえで、話を詰めていくことが必要でしょう。

鮫島　まだまだ可能性がありますね。芋に足りないもの、麦に足りないものなどを突き詰めていくと、たとえば芋と麦と黒糖のブレンドでも構わないかな…と。

下田　いいと思いますよ。オール九州、オールジャパンで考えれば。グッドアイデアです（笑）。

鮫島　焼酎は明るい世界ですからね。夢をもっとみましょう。

食中酒としての価値、スピリッツとしての価値

下田　マニアックな議論になると、往々にして純粋だとか、貯蔵は年数が経ったほうがよいとか、原料を磨いたほうがよいとかになってしまいがちですが、本格焼酎業界はそういう業界ではないと思います。

鮫島　ただ、芋焼酎は新酒で飲めるから、寝かす技術があまり発達しなかった面はあります。

下田　そのあたりはまだ可能性があります。評価される日は来ると思いますよ。もともと焼酎は安くてうまい酒で、増税などのハードルを超えて、本格焼酎・泡盛という一つのカテゴリーをつくってきた。次のステージに行ける段階にきている。

鮫島　ただこれだけ飲まれるようになったのに、本格焼酎のことをどれだけ知ってもらえているのか疑問が残る。東京以北をみていると、まだまだ浸透していない気がします。

下田　本当においしいお湯割りのつくり方とか、黒ジョカでの伝統的な楽しみ方などを伝えるのも一つの方法ですね。

鮫島　それは海外の人たちにも知ってほしい飲み方でもあります。また、「酔い覚め」。鹿児島には「だれやめ」という言葉もあります。疲れを癒やす酒、生活の酒としての原点がどうあるべきか。ある意味、企業の場合は社会に迎合しなければならないが、別の側面として、酒の社会性みたいなものを考えながら造っていくことが、将来にわたって焼酎が支持されていく大きな要因になっていくでしょう。メーカーと消費者の間に立つ、本来の本格焼酎の知

識を持っている人たちを育てなければならない。

今、いろんなところで焼酎大学みたいなことをやっています。鹿児島大学でも「焼酎マイスター養成コース」という社会人育成講座があり、修了生が「かごしま焼酎マイスターズクラブ」という組織をつくって活動しています。焼酎はこういうふうに飲むんだとか、酒の裏に何があるかを知ることがおいしさにつながってくることを知ってほしいですね。そこにメーカーの姿勢も、造り方もすべてが入っているわけです。

下田　伝える努力を我々はしてこなかったという反省はあります。これまでは、お客さんがリレーで盛り上がってくれた。これからは、価値の視点づくりを我々がしていかなければいけない。

鮫島　でも、メーカー単独では難しいですよ。個別のメーカーの「色」がつき過ぎるということもある。やはり業界全体とか、大学とか、あるいは組合とか。そういうところが主導権を握って、育成していくのが大事です。

下田　そうですね。国も、焼酎は國酒ということで力を入れてくれている。そういうチャンスを生かしたいですね。特に感性に訴えていくのは一企業では難しいと思います。

心に響く、心とお酒の関係性。感性の部分で訴えることは大切なことです。そういう面でみると、中味だけではなくて、〈いいちこ〉の今まで歩んで来た道の一つにはデザインというのがあって、容器とか見た目の印象とか、その印象から飲んだ時の味わいや余韻がつながっていく。そこにはトータルの感性が存在する。平たくいえば、海外の人から見た時に、感性に訴える日本的な魅力というのはどのように見えるのか。国内需要にしても、若い人が見た時に、焼酎はおじさんの酒になってますから、若い人の感性に響くようなモノ・姿にしないと手が伸びないだろう。

それから、食中酒としての焼酎のよさのアピールも大事です。外国のお酒（蒸留酒）がなかなか参入できない世界ですからね。蒸留酒であるのに季節性があったり、季節性がある酒で季節性のある和食と合わせていくとかですね。魚にはこの原料、肉にはこの原料の焼酎というのがあってもいいかもしれない。

鮫島　一方、スピリッツの世界として捉えるなら、食中酒という面にはこだわらずにやっていくという世界も出てきてもいい。

下田　食中酒としての価値をアピールしながら、スピリッツの評価・価値をフィードバックしながらきちんと奨めていく。

鮫島　焼酎の世界は失わずに、もう一つの大きな世界が広がるというイメージですね。

下田　両方の世界が一つにつながる時が来るかもしれません。

本格焼酎の未来には可能性が広がっている

鮫島　下田さんと長時間語り合えて、楽しかった。それにしても、共通項の多い人生ですね。「まだ、やるべきことは大いにある、その分、可能性は広がっている」という一致点が、この対談の最大の収穫でした。

下田 前職は5年。清酒でも研究所にいて、5年で自分なりにやるべきことはすべてやったという自負はあります。繰り返しますが、焼酎の世界は、広大な未開拓地に見えた。やればやるだけ、新しい発見がある。そう見えた。何度も読んだ麦の研究に関する鮫島先生の論文に触発されたことを、改めて感謝します。

鮫島 私はニッカウヰスキーに4年。3年以上は会社にいないと見えてこないこともある。

下田 まさに同感です。1年目に仕事を知る。2年目からチャレンジができる。3年目には、大なり小なりの達成感を得られる。振り返れば、私は社長になって、3年目になります(笑)。3年目以上の話は、きょうの鮫島先生のお陰で、次の世代に話すことが見つかりました。

鮫島 今年(編集部注・2019年)、国の予算で本格焼酎の輸出振興に昨年の6倍もの予算がつきます。期待したいですね。

下田 全国区になったからこそ次に描ける絵があると思います。たとえば、先の杜氏の話もそう。今後、ますます杜氏の力は必要になってきます。「経験知」を生かす世界は必要です。

鮫島 杜氏はオリジナリティーの塊(かたまり)。杜氏から生まれる本格焼酎も同じです。

下田 ハンディやコンプレックスがあってこそ、生まれてくる焼酎もあると思うんです。そもそも私自身、Uターンして大分に戻ってきたのがコンプレックスだった。Uターン者募集のチラシをみて、何となく応募して今に至る。何くそというハングリー精神があって生まれてくる焼酎もある。

30年以上ずっと考えていることでもあるんですが、そういうのがすべてバネになる。力の源になるんです。

鮫島　同感ですね。私の場合はUターンのコンプレックスはまったくなかったけど（笑）。

下田　そういう力、思いもあって、やっと大分麦焼酎は、個性・伝統文化といえるようになったと自負しています。

鮫島　王者と覇者の違いについて考える時があります。王者はそれに甘んじて落ちてしまう。覇者は常に乗り越えようとする。本格焼酎業界の今は戦国時代。覇者になるためには、人を引きつける魅力を身につけなければならない。かつての薩摩酒造社長の本坊豊吉さんがそうでした。

下田　まだまだ発掘・発見することはたくさんあるということですね。

鮫島　本格焼酎はまだまだ可能性が広がっていきます。若い人たちがどんどん入ってきている。楽しみですよ。新しい世代が引き継いで、新しい感性で広げてもらえればいいですね。

下田　そうですね。鮫島先生が体現していらっしゃるような感性のリレーがきちっとつながっていけばと思います。研究室がなかった時代からすれば隔世の感。これからは過去を踏まえ、未来を語っていこうと思います。

（座談会は２０１９年９月４日実施）

対談を終えて

鮫島吉廣

鹿児島の芋焼酎と大分の麦焼酎が急成長する時期に下田さんと私は焼酎業界に転身した。対談を通じて、同時期を体験した者ならではの共通点が多くあるのに驚いた。杜氏と技術者の両立に心を砕き、拡大する市場を技術の立場から支え、焼酎の多様性と文化性を維持しながら業界の裾野を広げることに尽力してきた。特に、大分県の麦焼酎は「伝統・文化性が弱く文化の厚みをつくることを意識し、麦麹で麦１００％の焼酎を極めようと」という下田さんの言葉に感銘を受けた。

かつてインファント・インダストリー（幼稚な産業）と言われた時代があったが、二人が体験した時代はそこから脱却し、焼酎産業が堂々と胸を張って独り立ちしていく過程でもあった。今や、若い人材が焼酎業界にどんどん入ってくる時代。「製造の現場に立脚した技術が重要であること」、そして「心とお酒の関係性――感性の部分で訴えること」を期待し、「歴史を踏まえ世界を視野に入れて」焼酎を造り、「スピリッツとしての焼酎のいまだ掘り起こされていない焼酎の世界を築いてもらいたい」との、若い人たちへのエールでも共感し合えた、意義深い対談だった。

第二部

酒の原風景

第1章

酒の原点に見る先人の技術と知恵

酒文化は食文化あってこそだ。

食の基本は、腐っていないことである。食べ物に微生物が働いて、人が喜ぶものができたら「発酵」といい、役立たないものになったら「腐敗」（酒造りでは「腐造」）と呼ぶ。

酒も食も常に腐敗の危険を伴っているが、人はそれを知恵で対処してきた。新鮮なうちに食べよう、冷たいところに保存しよう、酢漬けに、干物に、砂糖漬け、塩漬け、アルコール漬け、灰のなかに、など食の腐敗防止の知恵はさまざまである。

酒の腐造防止は食の腐敗防止の延長線上にある

酒造りにとっても肝心なことは腐造させないことだが、酒の腐造防止もこの食の腐敗防止の延長線上にある。

アルコールは防腐剤の役割を果たすが、アルコールが順調に生成されるまでの間は常に腐造の危険にさらされている。これをいかに防ぐかが酒造りの第一歩ということになる。

そこに生かされているのが日常的な食品の保存と同様の方法である。

たとえば低温に置くことで、微生物の増殖を遅らせて長期に保存できる。寒造りの清酒はこれに相当する。

水分が多ければ腐りやすくなる。水は最大の汚染要因である。干物にして水分を少なくすれば常温でも長期保存に耐える。この知恵が水を極端に減らした固体発酵法を用いる中国の白酒に生かされている。

酢漬けにすれば殺菌効果が高まり常温保存が可能になる。この知恵がクエン酸を生成する焼酎麹菌を用いる本格焼酎の製造法に隠されている。あるいは発酵途中で灰を加えれば灰のアルカリで酸が中和され、腐敗の原因となる細菌の増殖が阻害され長期保存が可能となる。これが灰持酒（あくもちざけ）である。

甘い麦芽汁を短期間で発酵させるウイスキーの造りは、新鮮なうちに食べてしまおうという知恵に該当するかもしれない。高濃度の砂糖漬けや塩漬けは酵母が増殖できないために酒造りの腐造防止にはみられない。

同じ腐造防止でも、寒冷地では低温保存が、暖地では酢漬けや干物の知恵が生まれ、あるいは麦芽と麹の文化圏の違いが腐造防止法の違いに影響を与えている。酒造りは固有の風土を色濃く残し、その土地でしか生まれ得なかったと思わせるほどの違いがある。

だが、遠い昔はどうだったのだろうか。昔は技術が稚拙だったと考えるのは早計である。驚くべき知恵が潜んでいることがある。

その知恵を技術で簡便化して現在に至っている例が数多くある。技術は品質の安定化、大量生産、コストダウンといった、高品質のものを大量に安く安定して提供するには大きな貢献をしてきたが、その裏で切り捨てられていったものにも思いを馳せる必要がある。

雑菌の繁殖を抑えるために考えられた「菩提泉」の知恵

奈良の正暦寺には「日本清酒発祥の地」「菩提酛創醸地」の石碑がある。

「菩提酛（ぼだいもと、菩提泉ともいう）」とは、生米と蒸米を水に浸漬し乳酸発酵を促し、この酸っぱい水を仕込水に使用することにより乳酸酸性下で雑菌の繁殖を抑え、優良酵母を育成し、アルコール発酵を順調に行わせるもので、それまでの濁酒から清酒に移行した最初といわれている。後の江戸時代になって完成する「生酛」のもとになった造りである。

清酒には、残暑の厳しい頃に造られる「夏酒」がある。一般の新酒が出回る前、古酒が品切れする前に売り出して大きな利益を上げるために考え出された製法だという。

大変な知恵者がいたものと感心させられるが、いったい誰がこのような製法を考え出したのだろうか。

67ページの図1は、室町時代に書かれた『御酒之日記』記載の「菩提泉」（加藤百一現代語訳）をもとに筆者が作図したものだが、夏場の腐造を防ぐために、実に細やかで合理的に考えられている。

まず、カメの中に洗米した米9升を浸漬し、この米の中に蒸米1升を埋め込んでおく。

すると栄養分が溶け出し乳酸菌が増殖し、雑菌の繁殖を抑えてくれる。

その後、乳酸酸性になった上澄みをくみ出し仕込水としてカメに入れ、これに蒸米と米麹を加え、さらに浸漬米は蒸煮、冷却後、米麹とともに加える。

【写真1】正暦寺にある「日本清酒発祥の地」の石碑

仕込みが終わると、カメの口をムシロで包む。7〜10日で酒の出来上がりである。とても思いつきでできたとは考えにくい巧妙な方法である。

興福寺の財源を潤した「菩提泉」の技術

日本の酒造りにおいて寺院や僧侶が果たした役割はきわめて大きいものがある。大々的に酒造りを行うには、原料米の確保、労働力、知識の3つが欠かせない。西洋のワインでは修道院がその役割を担ったが、日本の清酒においては荘園からの上納米と多数の僧侶を有する寺院が舞台となったのは当然の成り行きだった。

当時の寺院には、課役を逃れるために私度僧となる百姓、武士団の抗争によって居場所を失った者、政界での出世が閉ざされた者、寺院内にも特権支配の場を広げようとする門閥（もんばつ）貴族などが入り込み、仏教教学の習得に励む学衆と、寺院内の雑務に携わる禅徒の勢力に分かれていた。

醸造の知識は学衆が教え、実際の醸造は禅徒が担ったと思われる。

本来、寺院では飲酒や酒造は禁じられていたが、境内の鎮守社へ神酒を献上するために10〜11世紀には公然と酒造りが行われるようになったといわれる。

その後、荘園の縮小、貨幣経済への移行に伴い、財源確保のために、寺院、とくに奈良興福寺とその末寺にとって、酒の製造販売は重要な資金源となっていった。

【図1】菩提泉づくり製造法

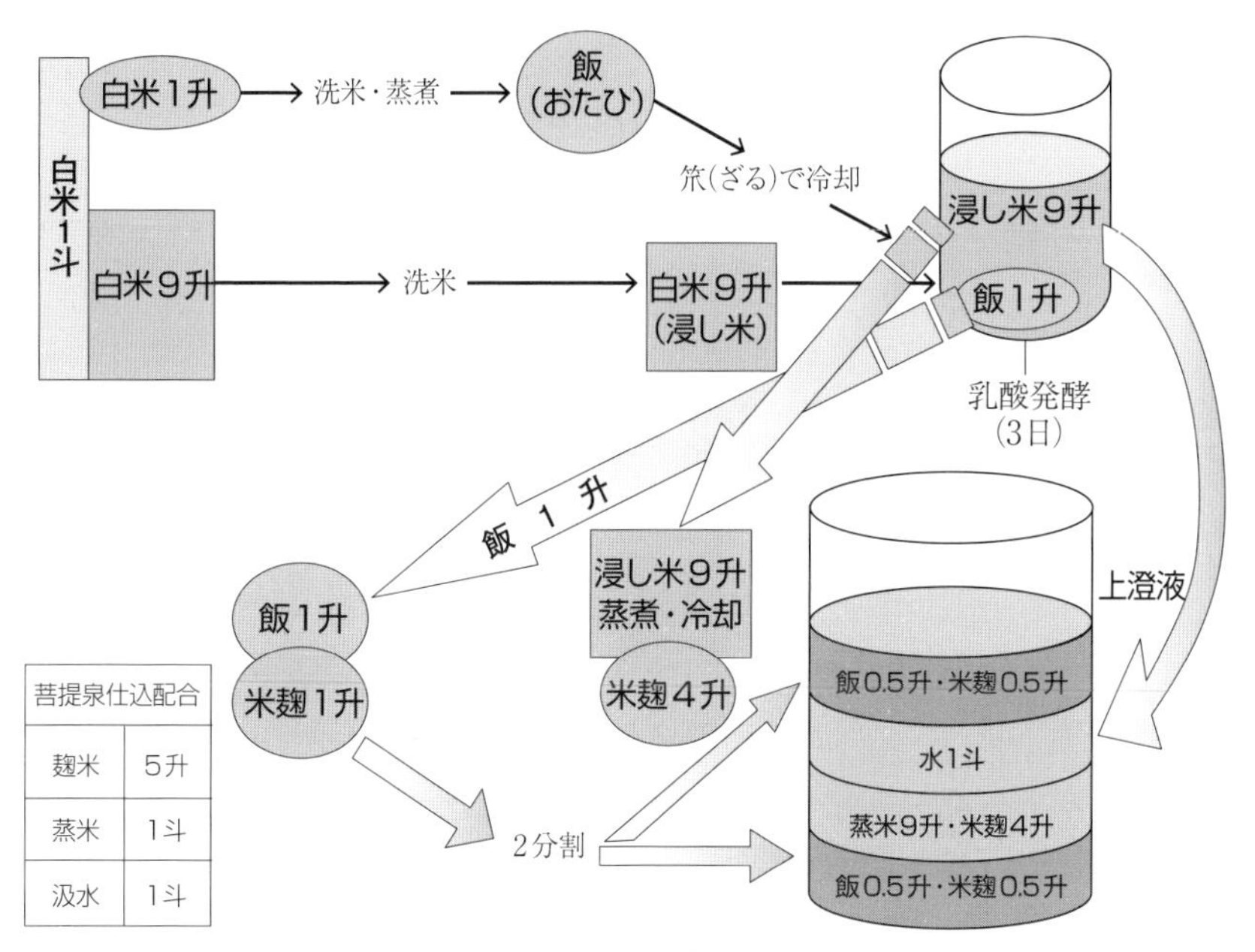

『御酒之日記』(加藤百一訳)をもとに著者作図

15世紀末～16世紀末が興福寺酒造業の隆盛期であり、麹米と掛米ともに精白する諸白化、そして火入れ殺菌の導入など近代化が図られていく。酒粕も奈良漬けとして商品化され土産物として広まっていった。

正暦寺で酒造りが始まったのは14世紀中頃から15世紀初め頃といわれている。では、後に天下の銘酒と謳われ、興福寺の財源を潤すことになる「菩提泉」の技術はどこから生まれたのだろうか。留学僧が中国から持ち帰ったと考えたいが、それを裏付ける資料は今のところ無い。

菩提泉の製法は中国の暖地に受け継がれる酸漿と同じ

だが、中国では古くから原料を水に浸して乳酸発酵させ、酸っぱくなった原料と水を活用する技術が古くから確立されていた。

現在の浙江省の人、朱肱（しゅこう）が1115年頃に著した『北山酒経』は世界最古の酒の加熱殺菌法「煮酒」が記されていることで知られているが、その中に「酸漿（さんしょう）」と呼ばれる、菩提泉と同様の製法が詳細に記されている。

この製法は屋久島・種子島と同じ緯度にある温暖な気候で造られる、現在の紹興酒の一部にも受け継がれている（第五部第3章 307ページ）。

さらに温暖な沖縄の泡盛でもかつてシー汁と呼ばれる酸漿が使われていた。

朱肱が居を構えていた現在の浙江省は琉球王国時代、琉球と関係の深いところである。酸漿は暖地の酒造りだったのである。

「寒造り」は幕府の思惑を反映した酒造の近代化

江戸時代初期まで、酒は真夏を除いて一年中造られていた。それが寒造りになったのは、品質の向上はともかく、寒造りを奨励して酒造業を統制し、税金を徴収しようとする幕府の思惑があってのことだという。

酒の価値は、語るべきものを多く持つほうに軍配が上がる。600年前、清酒が近代化の産声を上げた時代に当時の人が待ち望んだ新酒「夏酒」を味わいたいものである。そして、語るべきことを掘り起こしたいものである。

【参考文献】
『正暦寺一千年の歴史』正暦寺／大原弘信著（正暦寺、1992年）
日本農書全集第51巻『童蒙酒造記・寒元造様極意伝』吉田元解題（農文協、1996年）
『中国の酒書』「北山酒経」中村喬訳（平凡社／東洋文庫528、1991年）

第2章

口噛み酒

最も古い酒は、果実を潰せば果皮に付着した酵母によって発酵が始まるワインで、6000年の歴史を持つ。

一方、穀物を酒にするためには、デンプンを細かく切断し糖に変える糖化酵素が必要になる。

この酵素の供給源として、麦芽や麹が使われるが、麦芽も麹も使わない究極の手造りともいえる酒がある。それが口噛み酒である。

原料をもぐもぐ噛んで吐き出せば唾液の酵素でデンプンが糖化され、これに野生酵母が混入して自然に酒ができあがる。なんとも不潔で原始的な製法に思えるが、原始的であろうが近代的であろうが、酒の基本は腐敗させないことである。

では、口噛み酒はどのようにして腐敗を防いでいたのだろうか。

口噛み酒は世界各地で造られていた

口噛み酒は、中南米や南太平洋、東アジアなど世界各地で造られていたが、現在は、その実態を見ることはできない。

日本では、8世紀に書かれた薩摩の「大隅国風土記」の記載が最も古いものである。この酒造りは幕末まで奄美大島に残されていた。もともとは神事の祭りの際に造られたもので、現地では造酒（みき）と呼ばれていた。

奄美大島にはこの造酒に2通りあった。一つは、煮た米に生のサツマイモのすりおろしを加え、サツマイモの糖化酵素でデンプンを糖化し発酵させるもので、現在も少し形を変えて残っている。

もう一つが口噛み酒である。それは「年若き女が半時ばかり塩にて歯を磨き、紙にて能く拭ひ、米を向歯にて二噛、三噛位噛んで容器に吐き出す」製法で、「何分にも奇麗とは云がたし」というものであった（「南島雑話」）。

酒の醍醐味の一つは造り手の顔を想像しながら飲むところにある。となれば、うら若き女性によるこの究極の手造り酒の実態を知りたいものとかねがね思っていた。それが実現したのは台湾においてだった。

消えてしまった台湾の伝統酒

台北から車で走り続けること3時間半。台湾中央部の山中、埔里（プーリー）（写真1・写真2）に、信濃川の流れと信州の山々を思わせる爽やかな高原の景色が広がっていた。山水に恵まれ、いかにも銘醸地を思わせるこの地に、激動の時代を生き抜いてきた酒造工場を訪ねた。そこの壁には近年まで造られていた口噛み酒製造の写真が飾られていた。

清国領地であった台湾は、日清戦争敗戦の結果割譲され、明治28年（1895年）から昭和20年（1945年）までの51年間、日本の支配下に置かれた。

台湾総督府は、それまで専売であった、塩、樟脳、阿片に加えて、大正11年（1922年）から酒を専売にした。

ただの専売ではない。製造から販売までのすべてを専売にするという、世界的にも珍しい制度である。これにより昭和14年（1939年）には専売収入が歳入の約5割近くに達し、その4割が酒税収入だったという。

総督府は亜熱帯気候の下で日本式の清酒造りを押し進めるが、太平洋戦争の勃発は米不足をもたらし、清酒製造は大打撃を受けてしまう。戦後、清酒は大陸の紹興酒や白酒にとって代わられ、清酒工場は紹興酒工場へ変わった。

植民地化以前の台湾では、米酒（米焼酎）、サツマイモ原料の蕃薯酒（芋焼酎）、糖蜜酒（黒糖焼酎）など、伝統的な蒸留酒が造られていたが、清国、日本による統治は台湾原住民の酒を遠い歴史の彼方に葬り去り、過去の古い遺物として切り捨ててしまっていた。そして、少なくとも3000年以上の歴史を持つといわれる口噛み酒も消えてしまった。

台湾の口噛み酒に見る腐敗防止の知恵

その消えた口噛み酒の実態を知ることができたのは、『台灣的酒』（陳義方著）のおかげである。

そこには、台湾原住民の酒は「原住民の農耕文化、社交、儀式、文学、芸術、さらに宗教

【写真1】埔里酒廠
前身は1911年（大正6年）に設立された埔里清酒株式會社。1917年に退散総統府が買い取り、日本統治下時代は政府管理下で蒸溜酒や日本酒を造っていた

【写真2】埔里酒廠の紹興酒貯蔵庫
現在は見学コースが設けられ、この貯蔵庫も見学できる

【図1】台湾口噛み酒の製造法

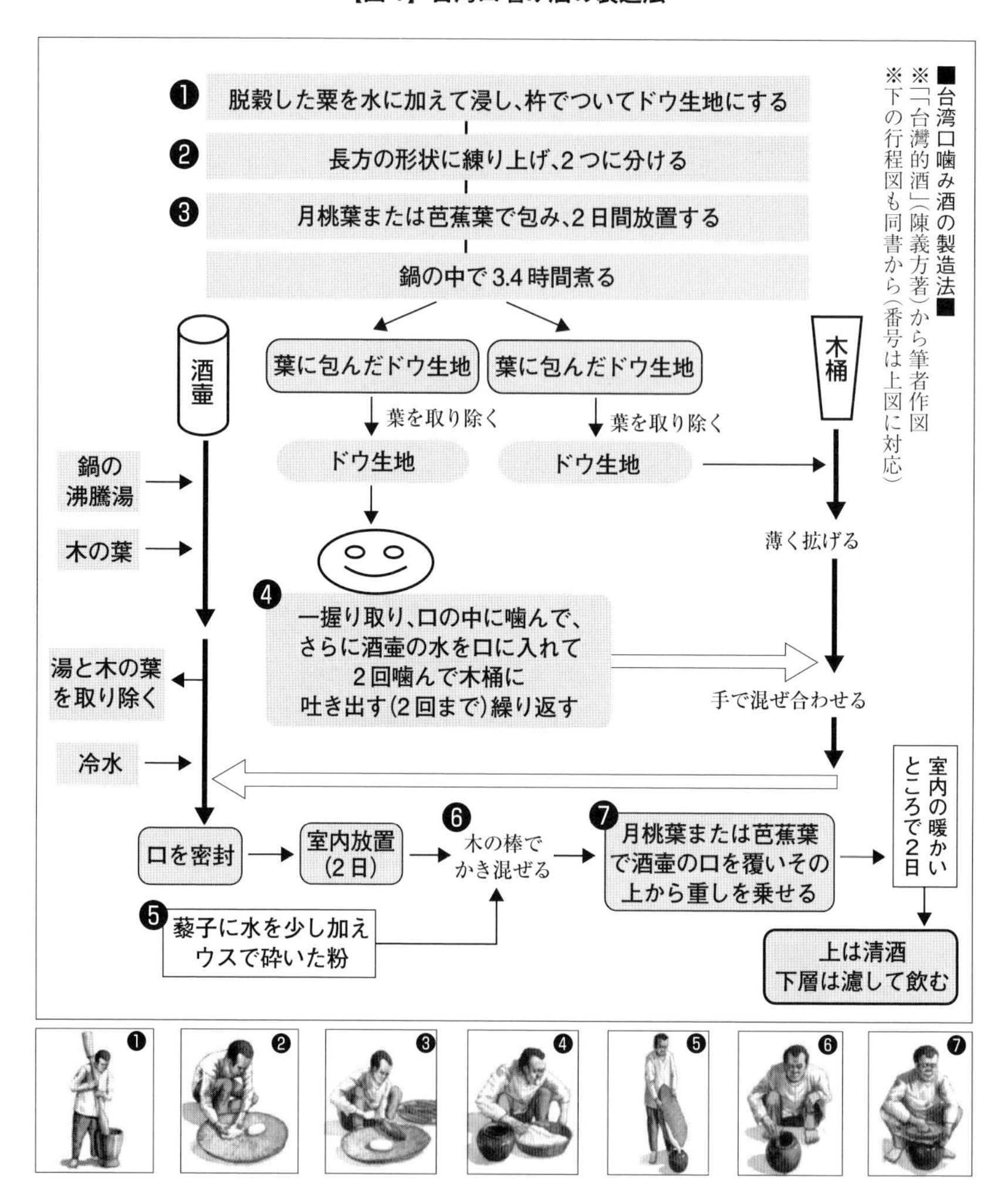

などの面に対して重要な意味を持つものであり、山林生活の中で、自然の知恵と豊かな文化によって酒文化が深く根付いていた」と記されていた。製法も詳述されている。いささか長くなるが引用してみたい。

「粟（脱穀したもの）二升を臼の中に入れ、水を加えて浸して、杵で突いてドウ生地にする。臼から取り出し、木盆（ザルで長方形や円形のものがある）の上で、力を加えて練り、長方形の形状に練り上げ、二つに分ける。さらに月桃葉または芭蕉葉で横から全体を包み、さらに縦から全体を包む。これを何回か繰り返し、包んだ後、一日間放置する。鍋の中で三、四時間煮る。その後、酒壷と木桶を用意し、鍋の中の沸騰湯を酒壷の中に入れ、さらに木の葉を酒壷に入れる。葉に包んだドウ生地から葉を除き、二つの内一つを木桶に入れて、薄く広げる。もう一つのドウ生地を開け、一握り取り、口の中で噛んで、さらに酒壷の水を口の中に入れて、二回噛み、木桶に吐き出す。これを繰り返す。伝聞によると必ず二回しか噛んではいけない。口の中で噛んだものと木桶にあるものを手で揉み合わせる。そしてまた、酒壷に貯めたお湯と葉を取り出して、揉み合せたドウ生地を酒壷の中に入れる。さらに冷たい水を加える。酒壷の口を塞ぎ、室内で静置する。二日後に藜子（生薬）に水を少し加えて臼の中で粉状に砕いて、酒壷の中に入れて木の棒で混ぜる。月桃葉または芭蕉葉を使って酒壷の口を覆い、その上から重石を乗せる。これで加工過程は終わり、後は発酵させる。冬は室内の台所の火のそば（暖かい場所）に置けば、二日後に飲むことができる。上の層は清酒、下の層は濾してから飲む。」（図1参照）。

ここには腐敗防止の基本的知恵をみることができる。

まずは栗に水を加えて砕き、これを練り上げ成型する工程は、パンのドウ生地の製造工程である。

これを2つに分けてそれぞれ葉でくるむことで、汚染を防ぎ湿度を保ちつつ2日間放置する。この過程で栗の酵素が働きデンプンが糖化され、紛れ込んだ酵母で一次発酵が起きる。

葉でくるんだ2つのドウ生地をじっくりと煮るのは、後の工程で発酵をスムースに進ませるためと、殺菌のためだ。

そして、ドウ生地の1つを木桶に薄く広げ、もう1つのドウ生地を熱湯殺菌された甕壺の水とともに口で噛み、木桶の上のドウ生地に吐き出す。

これを繰り返して、ドウ生地を混ぜ合わせる。結果的に全体のドウ生地の半分を噛んだことになる。米麹と蒸米を等量仕込んだドンブリ仕込みに相当する。

これを熱湯で殺菌した甕壺に入れ、水を加え密封して2日放置する。この間に糖化と発酵が進行する。

その後、粉状にした生薬である藜子(れいし)を加え、重しを乗せて密封する。密封するのは産膜酵母などによる汚染を防ぎ、嫌気状態にして発酵を促進するためである。藜子の効用はよくわからないが、雑菌汚染効果を狙ってのことだろうか。

暖かいところで2日間で発酵を終えているので、どぶろくのような低濃度の酒になったと思われる。

ここには、単に原始的な製法ではなく、水の殺菌、原料の殺菌、容器の殺菌、微生物汚染防止のために密封するなど、口噛み用のちゃんとした技術の裏付けがあったことがみてとれる。

神聖な決まりごとがあった口噛み酒

この口噛み酒は非衛生的として、昭和32年（１９５７年）７月１日に台湾酒煙草専売公社が製造禁止令を発布し、消えてしまった。

台湾原住民には、酒造りの時期、お酒を飲む時期など一定の決まりごとがあった。口噛み酒は、一般的に老若男女に関わらず、米噛みに加わることができた。ただし主に少女（処女）がその作業にあたり、もし歳をとった女性であれば、月経が終わった女性でなければならないとされ、お神酒用の場合は少女の造る米噛み酒でなければならなかった。

口噛み酒は酒と人とをつなぐもので、神にささげる神聖なものだったのである。

台湾で、究極の手造り酒の実態に迫ることができたのは、まさに貴重な体験だった。

ただ、残念だったのは、筆者がみた壁の写真の口噛み酒の造り手がむくつけき男性だったことである。

【参考文献】
『東洋文庫４３１　南島雑話１：幕末奄美民俗誌』名越左源太著（平凡社、１９８４年）
『台灣的酒』陳義方著（遠足文化事業股份有限公司、中華民国94年／２００５年）

第3章

雲南にみる酒の原風景

ベトナム、ラオス、ミャンマーに国境を接し、少数民族の住む中国・雲南省はどこか懐かしさを感じさせるところだった。

20年を経た今もその思いは鮮烈に残っている。鶏や豚は放し飼いで街中を悠々と歩いている。牛が道路に寝そべり、そのすぐ脇で子供たちが遊んでいる。中国民具にみる牛の腹で遊ぶ子供の世界がまだ残っていた。

中庭のきれいな花壇を覗き込んでいると、水タバコをくわえた人なつっこいおじさんが、吸ってみろと中に招き入れてくれる。時間が止まったような安らぎを感じさせる。標高3500mの山々には見たことのない壮大な段々畑が広がり、夕焼けはまさに黄金色の荘厳な光を放っていた。

ベトナム国境に近い文山州マリポ（麻栗坡）のナンドー村

1900mの高地にある文山（ぶんざん）州政府のチュワン（壮）族女性はこの土地の酒の飲み方を教えてくれた。男性が女性に酒を奨めるとき、男性は小杯で3杯飲み、女性は杯の3分の1ずつ3回、これを繰り返す。

男性が飲み干さないと女性は飲まない。漢方薬の入った35度の「三七補酒」（白酒）のボトルがすぐ空いてしまった。

ベトナム国境に近い壮族の住むマリポ（麻栗坡）のナンドー村では、わずか3人の訪問にもかかわらず村中総出の歓迎を受けた。天然染料の木で染めた紫、緑、白、赤、黄の色鮮やかなチマキ、餅、ご飯などがずらりと並び、トウモロコシの白酒を丼でたらふく飲まされた。食事が済むと、胡弓に合わせて歌と踊りが始まる。豊作を祝う踊り、遠来の客を迎える踊り、田植えの踊り（水かけ踊り）等々。とにかくオモテナシ大好きな人たちである。

なかでも感激したのは山岳民族の住むナンドー旱タイ族村だ。

ナンドーとは山紫水明の地の意味だという。標高が高ければ涼しいものと思っていたが、太陽に近いから暑いのだろうと思ってしまうくらい5月の雲南高原は焼けるように暑かった。山をぐるぐる上がり、行き着いたと思ったら車を降りてまた登りはじめる。道というものではない。狭いあぜ道、それも急勾配の山道を息も絶え絶えに延々と登っていくと、太鼓の音が聞こえてきた。やっと行き着くと笹の葉で水かけの歓迎を受ける。広場の周りにはびっしりと村人が取り巻いていた。

雲南省が秘境だとすれば、文山はその秘境、マリポはそのまた秘境で、ナンドー村はさらにその中の秘境である。我々はこの村を訪れた初めての外国人だった。

酒は祭りや客が来るときだけ造る

62戸、250人が住む村で、子供たちは学校を休み、大人は田植えを休んでの歓迎である。村人たちはこの日のために、2週間前からお酒を醸してくれていた。村の先祖は300年以

【写真１】祭りや客人を歓迎するときにだけ造る旱タイ族の酒

上前、タイのチェンマイ付近からベトナム経由で移住してきた人たちで、今でも亡くなったら遺体はタイへ運ぶのだという。

祭りに先立ち、瓶から酒を注いでくれた（写真１）。酸っぱく、やや苦みがある。薄黄色に濁り、蒸留酒ではない。アルコールは15度くらいだろうか。どこかで味わった味だと思ったが、あとで焼酎の一次モロミの味によく似ていたことに気がついた。

山岳民族の旱タイ族は、いつもは酒を飲まない。祭りや客が来たときだけ造り、飲む。手造り酒の振る舞いは最高のもてなしなのである。

雲南省仏教協会の副会長を務める高僧の話を聞く機会があったが、師によれば、この地は小乗仏教で、酒は禁じられていて、坊さんは酒と肉は絶対禁止。一般の人は飲むとフラフラして道を誤るので飲まないほうが望ましいが、お祝いや友人を招待するとき飲むのは構わないという。

仏教の経典によれば、タイ族は酒造りが上手で２５００年前から造って飲んでいたが、ある時狩人が奥山に狩りに行くと腐った果物がいっぱいあり、鳥、ムジナがこれを食べてよろめいていた。狩人も食べたところおいしかったので、持ち帰り皇帝に差し上げたところ、皇帝はやみつきになり、ついには本性を失い自分の子供を殺してしまった。そこでお釈迦様が酒を禁止したとのことである。

祭りの踊りと歌もそれぞれ意味があり、狭い村の中で周りを傷つけないように恋人を選ぶ知恵と思える遊びには感心した。

若い男女４人ずつで恋人を求める踊りの後は、男性が気に入った女性に刺繍のボールを投

【写真２】回転シーソー

【写真 3】エリマキトカゲ状の発酵容器

げ、女性が気に入ったら投げ返す遊びがある。公の遊びの席で互いの想いを明らかにするのである。次に四角い段ボールに紙テープを巻き、これに鶏の羽をつけた羽根を手で打ち合う遊び、これは恋人と長く付き合うための遊びである。

遊具はすべてが手作りである。4人が乗ってぐるぐる回る木製の回転ブランコ。回転しながらのシーソーは、広場に打ち込んだ杭に長い木をはめ込み、両端の人がこれを抱えてグルグル回りだし、片方が地面を勢いよく蹴って空中高く舞い上がる。地面に落ちてくると片方が舞い上がる（写真2）。真っ青な青空に青い民族衣装が溶け込む姿には見とれてしまった。日本の遊園地にこの遊具があれば大人も子供も喜ぶことは請け合いである。

手作りの持つ温かさ、村の和を保つ思いやり、無ければ自分たちで作り上げる知恵・工夫。大自然と共にある生活。そして、商売ではなく、人と人をつなぐための酒。酒の原風景がここにある。忘れかけていた温かさと懐かしさがあった。桃源郷とはこういうところをいうのかなと思ったくらいである。

液体発酵で造られる手造り酒

ナンドー村で手造り酒の造り方を教えてもらった。モチ米を浸漬し、2時間蒸す。これを乾燥したのち砕いて、さらに1時間蒸す。そして町で買ってきた曲（麹）を混ぜ、3日間、かまどの弱火で温める（糖化の工程と思われる）。

こうしてドロドロになったものをザルで少しの水と共に濾すと汁が得られる。これに残りの粕を少し加えてカメに入れる。

カメの上部にはエリマキトカゲのように広がったツバがあり、その溝に蓋をかぶせ、溝に水を入れて外気が入らないように水封する（写真3）。この状態で15日間発酵させる。

米麹の糖化液を発酵させたものなので、焼酎の一次モロミに似た味だったのもうなずける。興味深いのは中国の酒造りに特徴的な固体発酵ではなく、液体発酵であり、かつ醸造酒だったことである。

この酒は、タイの昔の造り方と同じだという。蒸留酒が生まれる前の原始的な姿を今にとどめているのかもしれない。

トウモロコシで造ったマリポの白酒

マリポ（麻栗坡）には白酒工場があった。ここではトウモロコシの白酒だけを造っていた。造り方は、80℃のお湯にトウモロコシを粒のまま24時間浸漬したのち30分蒸す。冷却後、市販の種麹（写真4）を混ぜ、下にもみ殻、上に麻袋をかぶせて保温した状態で、1〜2週間かけてトウモロコシ麹を造る（写真5）。

これを水を加えずそのまま発酵容器に入れ、密封して15日間発酵させた後、蒸留する。蒸留機はワタリのついた現代型だったが、蒸煮した粒のトウモロコシを製麹（せいきく）するのは初めて見

【写真 4】 市販白酒用種麹

【写真 5】 2 日目のトウモロコシ麹

【写真 6】トウモロコシ白酒用のドラム缶蒸留器

た。

麹は市販の白酒用麹を使用している。この麹は粉砕した生の穀類を餅状に固めたものに使われるものだが、ここでは蒸したトウモロコシに加えていた。生の穀類にはクモノスカビなどの菌が、蒸した原料には黄麹（清酒麹）などが生えるのが一般的だが、このトウモロコシ麹に生えた菌がどちらだったか残念ながら確認できなかった。

他にも2軒の白酒工場を見たが、いずれも、トウモロコシのバラ麹で固体発酵という同じものだった。個人の家ではドラム缶を利用した蒸留器でトウモロコシ白酒を造っていた（写真6）。

米の蒸留酒をみたのは、雲南省最南端でミャンマー、ラオスと国境を接するタイ族自治州にあるシーサンパンナ（西双版納）である。この中心地、景洪は海抜500mの盆地で、低地は水田地帯で稲作が盛んなところである。ここからラオス国境に約40㎞の農家で米の白酒が造られていた。米麹の蒸留酒で泡盛の源流とも思われるものである。

この詳細については第三部第4章で紹介したい。

【参考文献】
『焼酎の源流を探る』阪口健治著（南日本新聞1995年11・21〜12・28、1996年1・3〜2・8、1996年2・17〜3・7）

第三部

焼酎製法の由来編

第1章

焼酎製造方法の確立

酒の製法は特定の原料のために開発されたものである。清酒は米のため、ウイスキーは麦芽のための製造法である。

ところが本格焼酎は泡盛を除き、二次仕込法と呼ばれる製法で多彩な原料の焼酎が造られている。

いったい、いつごろ、どんな理由で焼酎特有の製造法が生まれたのだろうか。

清酒の酒母を蒸留したのが焼酎

焼酎はもともと清酒造りにならって造られていた。

黄麹菌による麹を造り、これに蒸米を加えて発酵させ（ドンブリ仕込み）、これを蒸留して焼酎を造っていた。清酒造りの第一段階である酒母（酛）を蒸留していたのである。

この醸造酒と蒸留酒の関係は、韓国の伝統酒にもみられる。韓国の醸造酒は麯子（ヌルッ、151ページ写真2）と呼ばれる中国式の餅麹とご飯を混ぜて酛酒（ミッスル）を造り、発酵させた後に、麯子とご飯を加えて発酵させ、最後に搾汁して清酒を造っていた。焼酎はこの最初の酛酒を蒸留して造られていた。

日本において寒造りに不向きな暖地で、清酒もろみを蒸留して焼酎を造る流れは自然な成り行きだったと思われる。

だが、このドンブリ仕込みはあくまで米に適した製造法で、サツマイモには適していなかった。

酒造原料としては厄介なサツマイモ

芋焼酎は現在でも南九州（旧薩摩藩）の特産品である。その理由として、薩摩がサツマイモの生産地であることから芋焼酎が定着したと思われがちだが、必ずしもそう単純には割り切れない。芋があれば芋焼酎が造られる、というものではないからだ。

サツマイモは世界中で1億2000万トンも生産されており、その8割を中国が占める。日本は世界の7番目くらいで全生産量の1％にも満たない100万トン程度にすぎない。その日本でしか、大衆の酒としての芋焼酎は造られていないのである。

その理由はサツマイモの酒造原料としての厄介な性質にある。

まず、でん粉含量が米の2・5分の1程度しかなく、生産効率が悪い。収穫が9月から12月前半に限られ、周年操業ができず、傷みやすく貯蔵性も悪い。仕込めばモロミの粘性が高くドロドロしていて作業性が悪く、何より蒸すと甘くなり微生物に汚染されやすい――など。そのため、他の原料があれば何もサツマイモにこだわる必要はなかった。

ところが薩摩は火山灰噴出物のシラスに覆われ、土地が痩せ、台風常襲地帯ということもあって、米不足に悩まされてきた土地である。サツマイモは痩せた土地に適し、台風に強く、温暖な気候を好むことから、天の恵みとして定着した。薩摩はサツマイモにこだわらざるを得ない宿命にあったのである。

サツマイモ伝来後、薩摩では米の代わりにサツマイモも焼酎製造に使用されるようになるが、黄麹を用いるサツマイモのドンブリ仕込みでは芋傷み臭や腐造の危険が常につきまとい、その酒質は米焼酎が上等で芋焼酎は下等と、いつも米焼酎の後塵を拝してきた。

だが今はサツマイモが米を駆逐したかのように芋焼酎が飲まれるようになっている。

酒税を主要な国家財源とした明治政府が酒類近代化を指導

その転換期は明治の激動の時代にあった。

西南戦争、日清戦争、日露戦争と続く多大な財政負担もあり、酒税が国家財政の柱となっていく中、明治32年（1899年）には自家用酒が禁止となり、この年、酒税が地租を抜いて国税収入の首位に躍り出た。

明治34・35年になると実に国税収入の4割近くを酒税が占めるまでになる。明治37年（1904年）には大蔵省に醸造試験所が設置され、酒類の研究、指導が始まる。主たる対象は清酒だったが、その成果をもとに指導は焼酎にも及んでいく。

熊本税務監督局技手として業界の指導にあたった石原饒は当時の状況を次のように記している。

「鹿児島県は清酒界における兵庫県（灘）、醤油界における千葉県（野田、銚子）に匹敵し、明治42・43年の頃には免許製造家が実に三、〇〇〇軒の多きを数え如何なる僻地にも製造家があった。しかしながら、その歴史は数百年を有するにもかかわらず、従来いたずらに古い製造法にしがみつき操作は陋劣で品質の劣悪なものが多く、そのために嗜好は地方にのみ限定されていた。しかし最近当局の指導と社会の趨勢に促され、ここに百年の迷夢より覚醒して製造法の改善により品質が向上し、生産額は激増し規模も拡大して、販路を他府県に求めるようになってきた・・・今日、世界の文明は内外人の接触を促すようになってきているので、製造者は国家的事業として品質の一層の改善に取り組み、以って販路を海外に求め、国益の増大を図り、世界において確固たる地位を築く覚悟を持たなければならない」(『醸協9-4-24、大正3年』より筆者要約)。

焼酎業近代化は税務当局の技官たちによるものが大きかったのだ。

焼酎製造の近代化は〈脱〉清酒製造法から

焼酎の製造方法の改善とは、皮肉にも清酒製造法からの脱却の上に成立したものだった。焼酎の製造法が清酒の延長線上にあったことは古い製造帳の呼称にみられる(表1・表2)。明治38年(1905年)までは「酛(もと)」「酒母(しゅぼ)」「留(とめ)」など清酒の呼称が用いられ、明治39年からは「一度」「二度」、大正元年(1912年)からは「一次」「二次」と変わっている。これらの表は特定の製造場の製造帳をもとに筆者が作成したもの

【表 1】芋焼酎の仕込割合と呼称の変遷

年度	呼称	(斗) 玄米	(斗) 蒸米	(斗) 汲水	(貫) 甘藷
明治35	酛	–	–	–	–
	留	1.5	–	6.0	50.0
36	酒母	–	–	–	–
	留	1.5	–	7.5	50.0
(36)	酒母	1.5	–	7.5	50.0
	留	1.5	–	7.5	50.0
37	酒母	0.75	–	3.8	25.0
	留	0.75	–	3.8	25.0
38	酒母	0.75	–	3.75	25.0
	留	0.75	–	3.75	25.0
39	一度	0.75	–	3.75	25.0
	二度	0.75	–	3.75	25.0
(39)	一度	1.5	–	2.0	–
	二度	–	–	5.5	50.0
40	一度	0.9	–	4.5	30.0
	二度	0.6	–	3.0	20.0
41	一度	1.2	–	4.5	30.0
	二度	0.8	–	3.0	20.0
42	一度	1.2	–	4.5	30.0
	二度	0.8	–	3.0	20.0
43	一度	–	–	–	–
	二度	2.0	–	7.5	50.0
44	記載なし				
大正元	一次	4.0	–	–	–
	二次	–	–	記載なし	80.0
2	一次	4.0	1.0	5.0	–
	二次	10.0	–	10.0	100.0
3	一次	4.0	–	5.0	–
	二次	–	–	7.0	80.0
4	一次	5.0	–	5.0	–
	二次	–	–	10.0	100.0

【表 2】米焼酎の仕込具合と呼称の変遷

年度	呼称	(斗) 玄米	(斗) 蒸米	(斗) 汲水
明治35	酛	–	–	–
	留	10.0	5.0	15.0
36	酒母	–	–	–
	留	8.0	4.0	10.8
37	酒母	4.0	2.0	5.4
	留	4.0	2.0	5.4
38	酒母	4.0	2.0	5.4
	留	4.0	2.0	5.4
39	一度	4.0	2.0	5.4
	二度	4.0	2.0	5.4
40	一度	4.0	2.0	5.4
	二度	4.0	2.0	5.4
41	一度	4.0	2.0	5.4
	二度	4.0	2.0	5.4
42	一度	4.0	2.0	5.4
	二度	4.0	2.0	5.4
43	一度	4.0	2.0	5.4
	二度	4.0	2.0	5.4
44		記載なし		
大正元	一次 二次	記載なし		
2	一次	6.6	3.4	9.0
	二次	6.6	3.4	9.0
3	一次	6.6	3.4	9.0
	二次	6.6	3.4	9.0
4	一次	6.5	3.5	9.0
	二次	6.5	3.5	9.0

だが、呼称と仕込法がそぐわないところがみられ、製造場ごとに試行した様子がうかがえる。明治35・36年の「留」とは清酒の「酛」に相当し、その仕込み方法はドンブリ仕込みと呼ばれる。

明治37・38年の「酒母」「留」はより清酒の仕込みに近く、清酒式二段仕込みと呼ばれるものだが、「酒母」「留」の呼称は明治39年から、同じものを二度に分けて仕込むため「一度」「二度」と呼ばれるようになる。

ここまでは清酒の製法を引きずっているが、大正元年からは「一次」「二次」と変わり、焼酎独特の製法となる。つまり米麹と蒸米がセットになっている造りから、はじめは米麹だけで発酵させ（一次モロミ）、のちに主原料であるサツマイモを加える（二次モロミ）製法に変わる（図1）。

ここで表2の米焼酎では、名称は変わってもずっと清酒式二段仕込み法であることから、米焼酎ではあえて二次仕込法に変える必要性はなかったと考えられる。

これに対し、表1の芋焼酎では大正に入ると二次仕込法に変わっている。ちなみに大正4（1915年）年の仕込み配合は、一次モロミの汲水歩合、米とサツマイモの割合など、現在とまったく同じである。このことから二次仕込法は芋焼酎のために開発された製法であることがわかる。

ドンブリ仕込法はサツマイモの持ち込む糖分によって汚染されやすいのに対し、二次仕込法は、はじめ米麹だけを発酵させ酵母が十分に増殖したのちにサツマイモを加え、大量の酵母で糖分を一気にアルコールに変えて安全性を高めたのである。

【図 1】芋焼酎仕込方法の変遷

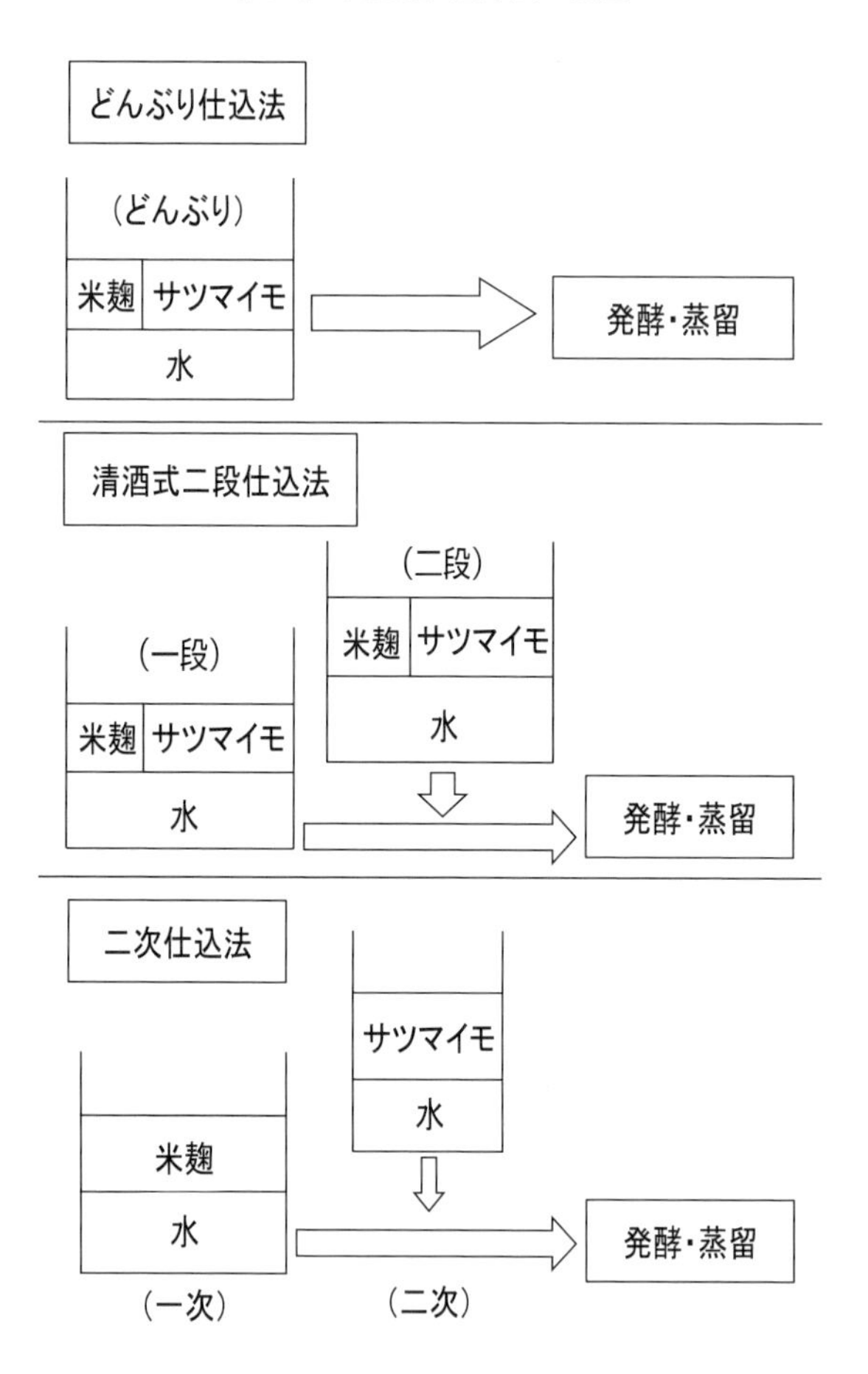

【図 2】焼酎製造における原料使用量の変遷

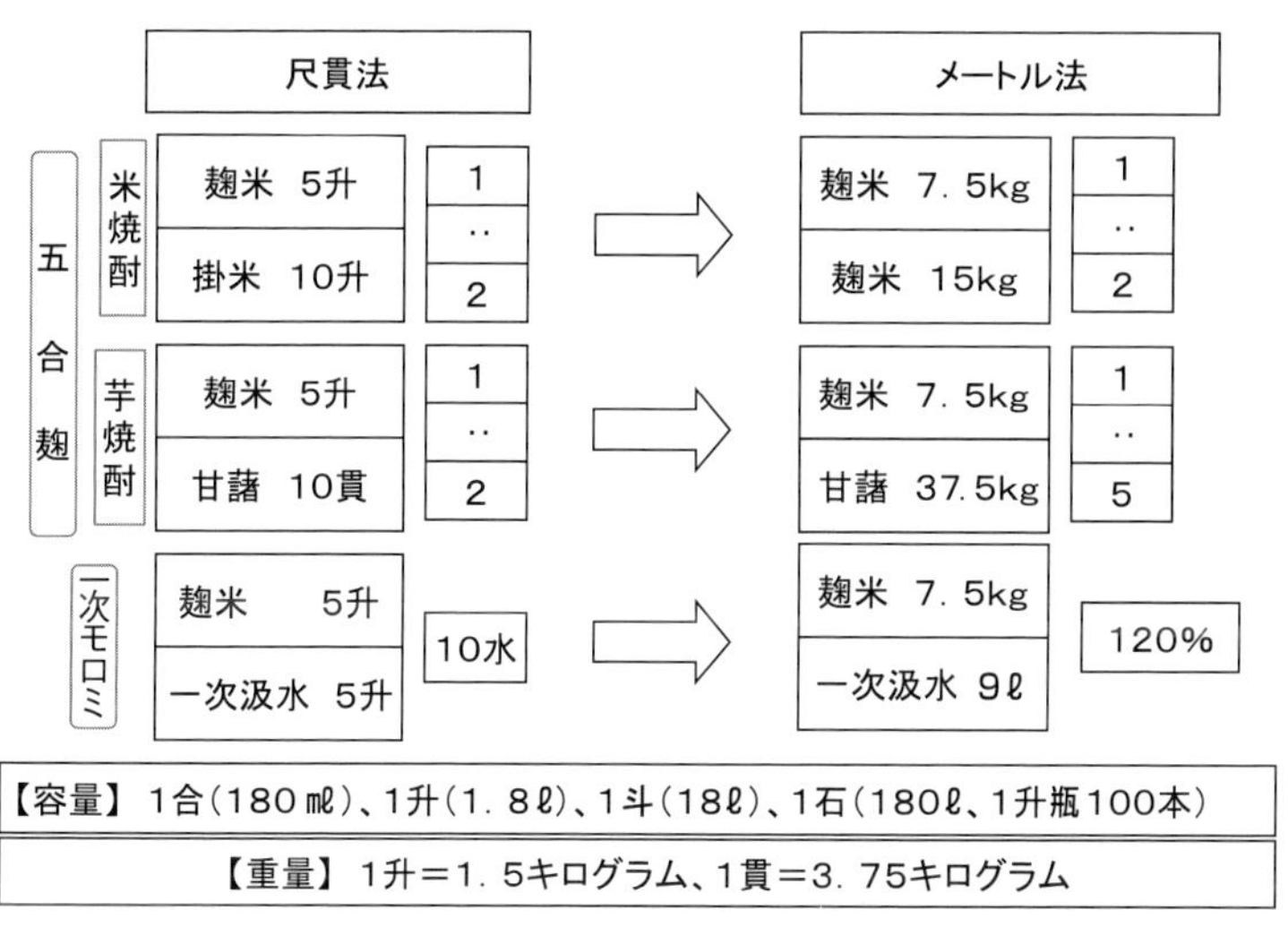

二次仕込法と黒麹で芋焼酎の製造法が確立された

　では芋焼酎の製造法はどのような過程をたどったのだろう。ここで重要なのが尺貫法である（図2）。

　米焼酎の仕込配合は麹原料としての米の2倍の蒸米を加えるドンブリ仕込法だった。麹米5升に対して蒸米（掛米）10升である。麹米原料と蒸米原料は重量比で1：2となる。

　しかしサツマイモは升で測れないので重量（貫）を使った。蒸米（図2では麹米と記）5升に対して10貫のサツマイモを使用した。蒸米（麹米）5升は7・5kg、サツマイモ10貫は37・5kgであり、メートル法に直すと蒸米（麹米）とサツマイモは重量比で1：5になる。

　また、一次モロミ汲水歩合は蒸米5升に対して水5升の割合だったが、メートル法に直すと120％になる。一次モロミの汲水歩合も麹米とサツマイモの比率も現在と同じで、大正初年から変わらず受け継がれてきた。

　それには理由がある。発酵初期の水が多いと汚染の原因になるが、一次モロミの汲水歩合120％は必要最低限の水量であること。そして二次仕込みでは米焼酎は蒸米を麹米の2倍、芋焼酎はサツマイモを麹米の5倍加えるが、面白いのはこの時の蒸米とサツマイモのでん粉含量が偶然にもほぼ同じになっていることである。

　このことは麹米が同量であれば米焼酎も芋焼酎もほぼ同じ量の焼酎が造れることを意味し、主原料（米、サツマイモ）のでん粉含量に対し、麹の割合がほぼ同じであることを示している。つまり、現在に続く二次仕込法は芋焼酎を安全に製造するために開発されたもので、ドンブリ仕込みを解体、再構築する中で生まれたものだった。
これとほぼ同時期にクエン酸生産能力を持つ泡盛黒麹菌が芋焼酎に導入され、安全性や生産性が格段に向上し、現在の製造法が確立された。

明治32年に自家用酒の製造が廃止され、その後は集落ごとに免許が与えられる共同製造の時代になる。明治末年には大規模な製造場の整理が断行され、零細な製造場が淘汰され、焼酎は近代化の道を歩み出すことになる。焼酎業近代化は国家財源としての酒税の重要性と連動して推進されていったのである。
焼酎が商品として流通していく中で、新しい製造技術や黒麹製造法の伝道者として、熟練技能者である焼酎杜氏が誕生したのもこの時代だった（第四部第5章参照）。

【参考文献】
『日本醸造協会誌　1989年84巻11号（P746-755）』鮫島吉廣著（公益財団法人 日本醸造協会）
『日本醸造協会誌　1989年84巻12号（P829-835）』鮫島吉廣著（公益財団法人 日本醸造協会）

第2章

焼酎はどこから来たか？

―製造方法の由来―

焼酎の伝来を考えるとき、製造方法の由来と蒸留器の伝来を分けて考えなければならない。

製造方法については、泡盛の製法が焼酎造りの基になっているという説がある。

本格焼酎は米麹と水に酵母を加えて発酵させ（一次モロミ）、これに主原料であるサツマイモや米などを加えて発酵させ（二次モロミ）、蒸留して造られる。泡盛は言うなればこの一次モロミを蒸留したものだから、泡盛のモロミに芋や米を加えて芋焼酎や米焼酎が造られたのではないか、という説である。

薩摩藩は１６０９年（江戸時代・慶長14年）以来、琉球を支配下においてきた経緯があるので、泡盛の製法が伝わった可能性が高いというのも説得力がある。

だが、この説にはいくつかの疑問がある。

薩摩は泡盛の造り方を知らなかった

まず、薩摩藩では泡盛が造られた記録がない。正確にいえば、造ろうとはしたが、泡盛と同じようなものは造れなかった。

次のような挿話が伝わっている。

「薩摩藩では年々泡盛を将軍家や幕府の要職に上納する慣例があった。ある年、琉球産の泡盛が品不足となり薩摩産のものと混ぜて補おうとしたが、藩主の島津光久公は、薩摩産のものは床上にこぼれたとき板敷を通すことが琉球産に及ばない（アルコール度数が低い）のでそれはならん。泡盛は宴会用よりも薬用として重宝されていて、薩摩の泡盛は効能が低く効き目がおぼつかない。といって琉球へ頼むのもいかがなものか。ここは器を小さくして贈る量を減らしてでも、琉球の泡盛を贈るべきだと、指示された」(『責而者草』貞享期1684-1686)。

薩摩の支配下にありながら、泡盛の製法は門外不出で薩摩にも伝わっていなかった。

当時の薩摩では、米麹と蒸米を一緒に発酵させ、これを蒸留して米焼酎を造っていたが、その焼酎よりも泡盛は格段にアルコール度数が高かったのである。

通常の液体発酵であれば、アルコール度数にそれほどの違いがあるとは思われないので、第四部第3章で紹介するように(187ページ)、泡盛は固体発酵であったのかもしれない。

高価な「薩州あくね」は泡盛だった?

薩摩焼酎の中で、ひとつだけ江戸市中で高値で取引されていたものがある。1824年(文政7年)の江戸の有名店で取り扱われていた商品の値段を記した「江戸買物独案内」によれば、清酒の名酒が300文程度であるのに対し、「薩州あくね」は800文と超高額で扱われている。

薩摩の北西部、東シナ海に面した阿久根は藩の御用商を務めていた豪商・河南源兵衛一族の拠点で、琉球貿易や江戸、上方への海上輸送の拠点として大いに栄えた地である。

初代は明王朝の側近として仕えていが、内乱のため琉球へ亡命してきた中国人。中国語が堪能であったことから薩摩藩が唐通詞（通訳）として取り立て、故郷の河南省から苗字をとって河南源兵衛と改名し、もともと明国からの帰化人が多く住んでいた阿久根に居を構え、通訳として薩摩と琉球を往来した。

その後も薩摩藩の大事な船主であった河南家は代々の薩摩藩主の保護を受け、藩政に大きく貢献した。

となれば、この「薩州あくね」も薩摩焼酎ではなく、琉球泡盛であったのではないかと思われる。ちなみに１８５３年（嘉永６年）に八丈島に流され、この地に焼酎を伝えた丹宗庄右衛門も阿久根の貿易商であった。

泡盛説の疑問はほかにもある

ほかにも、琉球伝来説への疑問として次の諸点が挙げられる。

琉球では泡盛を凌駕するほど飲まれていた芋焼酎が、明治の終わりまで造られていた（第四部第2章　１７７ページ）にもかかわらず、この製法は薩摩にはまったく伝わっていない。

泡盛特有の麹菌であった黒麹が薩摩に伝わったのは明治も終わりになってからである。

琉球泡盛の長期熟成（古酒：クース）の製法もまったく伝わっていない。

これらを考え合わせると、琉球泡盛が薩摩の焼酎に与えた影響を示す証拠は皆無といっていい。

また、泡盛から来たとするにはつじつまの合わないこともある。泡盛モロミに相当する焼酎の一次モロミの汲水歩合（米に対する水の割合）は泡盛モロミよりずっと少ない１２０％で、昔から一定であること、そして米麹と主原料の割合が、芋焼酎では１：５、米焼酎では１：２と固定されていることなどで、その理由を泡盛の製法に見つけることはできない。

日本の焼酎に中国の影響はまったくなかったか？

では、泡盛からでなければ焼酎の製法はどこからきたのだろう。

現在、「二次仕込法」と呼ばれる焼酎特有の製法は、清酒の影響を強く受けて生まれたものだった。清酒造りの最初の段階である酛（＝酒母、米麹（黄麹）と蒸米を一緒に発酵させたモロミ）を蒸留して米焼酎を造っていたものを、サツマイモの伝来によって製法を見直すことになり、その過程で生まれたのである（第三部第1章95ページ）。

では、中国の影響はまったくなかったのだろうか。初期の清酒には中国伝来ではないかと思われる「菩提酛」があった（第二部第1章64ページ）。

薩摩の坊津は遣唐使船の寄港地であり、また遣明船、倭寇の基地、あるいは薩摩藩の密貿易の拠点であった。そして、薩摩は琉球を通じて中国の文物を取り込んでいたことから、あっても不思議はない。数は少ないがそれを匂わせる資料がある。

【写真1】
黎（リー）族の芋焼酎造り ①ぶつ切りのサツマイモを煮る

【写真2】
黎（リー）族の芋焼酎造り ②酒薬（麹）をサツマイモにふりかける

【写真3】
黎（リー）族の芋焼酎造り
③カメに入れて密封する

【写真4】
黎（リー）族の芋焼酎造り
④蒸留

芋焼酎は現在、世界的にみても珍しいサツマイモの蒸留酒だが、日本だけで造られているわけではない。筆者が知るところでは、中国の広西チワン族、海南島の黎族（写真１〜４）などが造っている。

その製法は、ぶつ切りサツマイモを蒸して（あるいは煮て）冷却した後、酒薬（麹）を混ぜ、固体発酵させたものを蒸留するもので、中国雲南の米白酒（第三部第4章　１２９ページ）の原料をサツマイモに置き換えたものだ。強烈な芋臭があり、ごく一部の少数民族しか飲んでいない。ごく単純な製法である。

これに比べると、沖縄の芋焼酎（第四部第2章　１７７ページ）は手が込んでいる。蒸した甘藷に固形麹（餅麹）を加え、必要最低量の水を加え、ほぼ固体状で発酵させ、発酵が始まると糖液などを加え発酵を継続させ、蒸留するという方法である。麹は中国式だが、発酵は完全な固体発酵ではない独特の製法である。

実はサツマイモ伝来直後の中国で、これとよく似た方法で芋焼酎が造られていた。

記録に残るサツマイモの中国への伝来は、１５９４年、閩（今の福建省）の陳振龍がルソン（フィリピン）から芋の蔓を持ち帰り広めたのが最初ということになっている。

中国の芋焼酎に関する最古の記録は、それから45年後の１６３９年に書かれた『農政全書』（徐光啓著）にある。

その造り方は「サツマイモを細かく切断して煮て潰しカメに入れ、これに酒薬（麹）を加え、ほとんど固体状態で発酵させる。発酵が始まると水を加えて発酵を促進させ、絹の袋でモロミをろ過する。これが芋酒の醸造酒である。焼酎を取る時は、この芋酒を鍋に入れ、錫りである。

製の兜釜で蒸留する」というもので、絹の袋でろ過することを除けば、琉球芋焼酎にそっく

絹の袋は中国にならった？

江戸時代の芋焼酎の造り方に奇妙な一文があることがずっと気にかかっていた。

それは、「焼酎を造る時は芋の皮を剥き、蒸した後、搗き砕いて、これに麹（バラ麹）を混ぜ合わせ、３日目に発酵が盛んになってきたとき、笹の葉の黒焼きを絹の袋に入れて、カメの中に入れ、発酵が終わったら蒸留する」（『蕃藷考』池田武紀著、１８２３年）というものである。

なぜ「笹の葉の黒焼きを絹の袋に入れてモロミの中に漬け込む」のかがよくわからなかった。「笹の葉の黒焼き」は炭なので、灰持酒と同じような防腐効果を期待してのことと想像できるが、なぜ「絹の袋に入れる」のか。

やってみてわかったのは、サツマイモのモロミはドロドロしているので、そこに「笹の葉の黒焼き」を入れたらモロミが塗りついて灰の役目を果たさない。絹の袋に入れると、ドロドロのモロミから絹の袋でろ過された清澄な液が袋の中に入ってくる。これを揺り動かすと黒い灰汁がモロミの中へ溶け出ていくという仕組みだった。

絹というのは大変な優れものだった。清澄ろ液を得られるだけでなく、付着したサツマイ

モのヤニ成分も水洗いすると簡単に落ちてくれるのである。

誰がこんなことを考えたのか感心したが、もとは『農政全書』にみる「絹の袋でサツマイモ醪をろ過する」ところにヒントを得たのではないかと考えている。


焼酎の製法は、泡盛由来ではなく、清酒式の造りがサツマイモの伝来によってサツマイモに適した形に変化してきたものであり、それが明治後年、泡盛の黒麹菌を導入して現在の製法である二次仕込法となって確立したものである。

しかしながら、今では消えてしまった琉球芋焼酎や昔の薩摩の芋焼酎には中国の古式製法の影響のあとがうかがわれる。

現在の中国では、かつての芋焼酎は姿を消してしまったが、サツマイモにこだわらざるを得なかった日本ではサツマイモと格闘するなかで工夫を重ね、独自の発展を遂げて今に至っているといえる。

次章では焼酎の蒸留器の伝来について考察したい。

【参考文献】
『さつまいも～伝来と文化～』山田尚二著（春苑堂出版、１９９４年）
『旧式焼酎に関する研究』加藤百一著（日本醸造協會雜誌、１９６２年57巻1号）
『特集　薩摩の豪商　河南源兵衛』（「広報あくね」No.７９６／２０１３年５月号）

第3章

焼酎はどこから来たか？

―蒸留器の由来―

蒸留技術はまさに命の水をつくる技術である。その例を漂流の記録で紹介しよう。

海水を蒸留する船乗りの知恵

1696年(元禄9年)、薩摩の国志布志浦(しぶしうら)の小型廻船が、鹿児島湾の入口に近い山川港から志布志へ向けて出港した。嵐にあって漂流した船は、54日目に伊豆諸島の最南端の島、八丈鳥島に漂着した。水の湧くところがひとつもない無人島での79日に及ぶ生活の始まりである。彼らは、海水を蒸留して飲み水を得て生き延びることができた。

1813年(文化10年)、尾張の大型廻船は1年4カ月(484日)という世界の海難史上例を見ない長期海上漂流の記録を残している。そこには、海水を蒸留して真水を得る蒸留装置ランビキ(蘭引)が具体的に記されている。

「大釜に海水を沸かし、その上に飯びつをかぶせる。飯びつの底に穴をあけ、竹を管としてさしいれる。その上には海水を満たした鍋を吊っておく。管を通して上がってきた湯気が、この鍋底にあたって冷却され、真水となってしたたり落ちて飯びつに溜まる。この装置で1日7~8升の真水を得ることができた」(図1)

庭先で焼酎を造っていた志布志の船乗りたちは、蒸留によって海水から真水が得られることを知っていたのだろう。それから100年を経て、その技術は船乗りに広く知られるようになっていたと思われる。だが、幕末になっても、海の水の塩辛いのは上の方だけで、海底には真水があるという説を信じて、これを汲み上げるつるべの工夫を記した書物が堂々と出版されていたというから、蒸留技術は生死を分ける知恵として船乗りの間に広まったものだろう。

では、この蒸留器はどこから伝わったものだろうか。

【図1】海水から真水を得る法

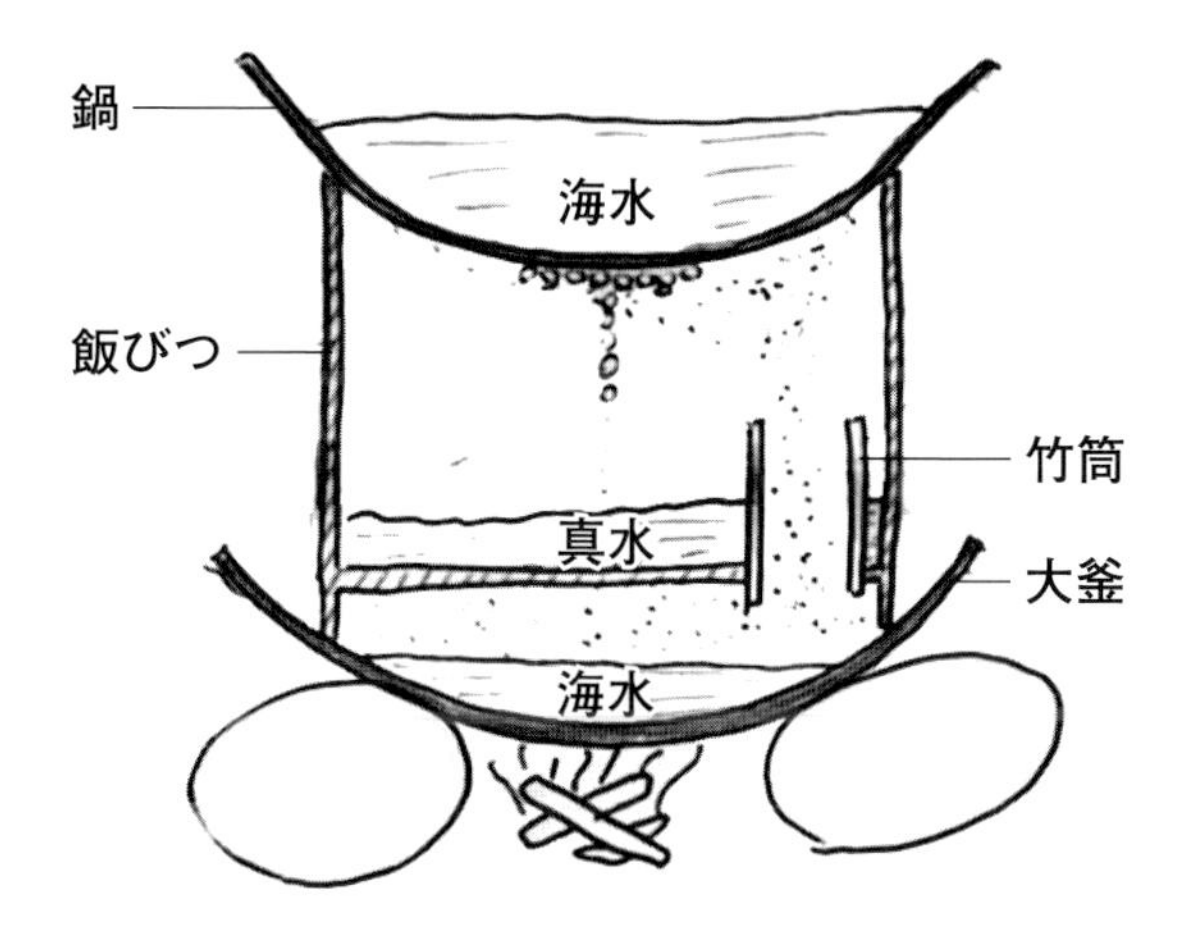

「世界を見てしまった男たち」から筆者作図

古式蒸留器の2つのタイプ

焼酎の古式蒸留器には2つのタイプがある。カブト（兜）釜式とツブロ式（図2）である。カブト釜式はコシキ（甑）上部に水を入れた冷却鍋を置き、蒸発してくる湯気が冷却鍋に触れて凝縮し、したたり落ちてくる液を受樋で受け、外へ導く方式である。このタイプはアジアに広く分布している。前述の尾張の船乗りが使ったランビキも、外へ取り出す管はないものの、この型に相当する。

この蒸留器は雲南一帯が源流と考えられている。雲南地方では固体モロミなのでコシキの底部にスノコを置き、下鍋に水を入れ、下鍋からの蒸気で固体モロミのアルコールを蒸発させるが、液体発酵では、下鍋に直接液体モロミを入れて沸騰させる。日本の球磨焼酎（図3）、壱岐焼酎（149ページ図1）などはこの方式である。

興味深いのは、このカブト釜式蒸留器が炊飯コシキと強い類似性を持っていることである。西洋の蒸留器が錬金術で用いられる化学装置としての蒸留器から発展したとされるのに対し、アジアの蒸留器は台所から生まれたように思われる。

写真1に示すように、雲南の炊飯コシキと蒸留器は、水を入れた平鍋の上にコシキを乗せ、コシキ底部にはスノコを置いてある。これに浸漬した米を入れて蓋をし、加熱すれば炊飯器であり、固体モロミを入れて上部に冷却鍋を乗せれば、蒸留器に早変わりする。実際に蒸留器に浸漬米を入れて炊飯コシキとしても使っている。

【図 2】カブト釜式蒸留器（右）とツブロ式蒸留器（左）

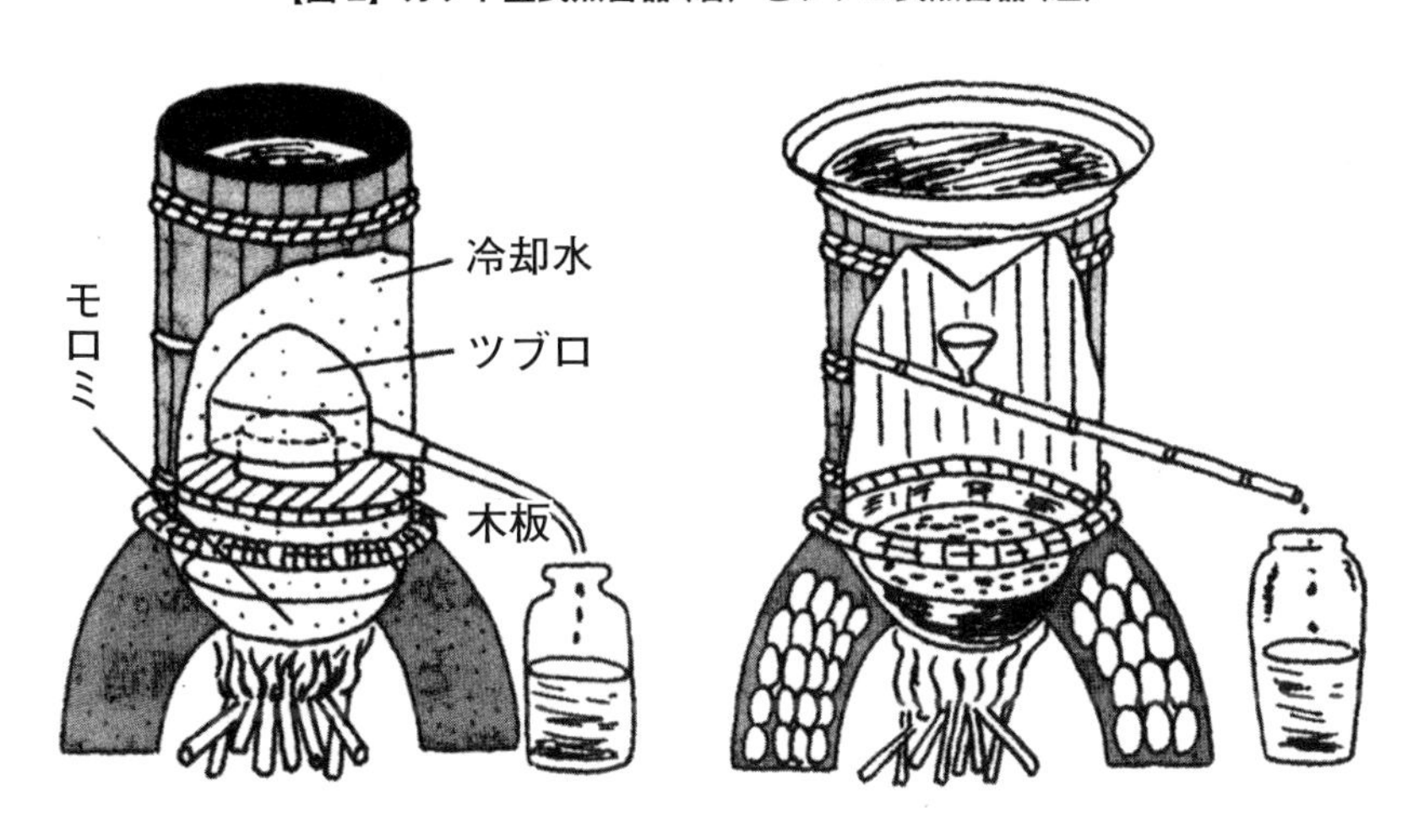

【図 3】球磨蒸溜蒸留器

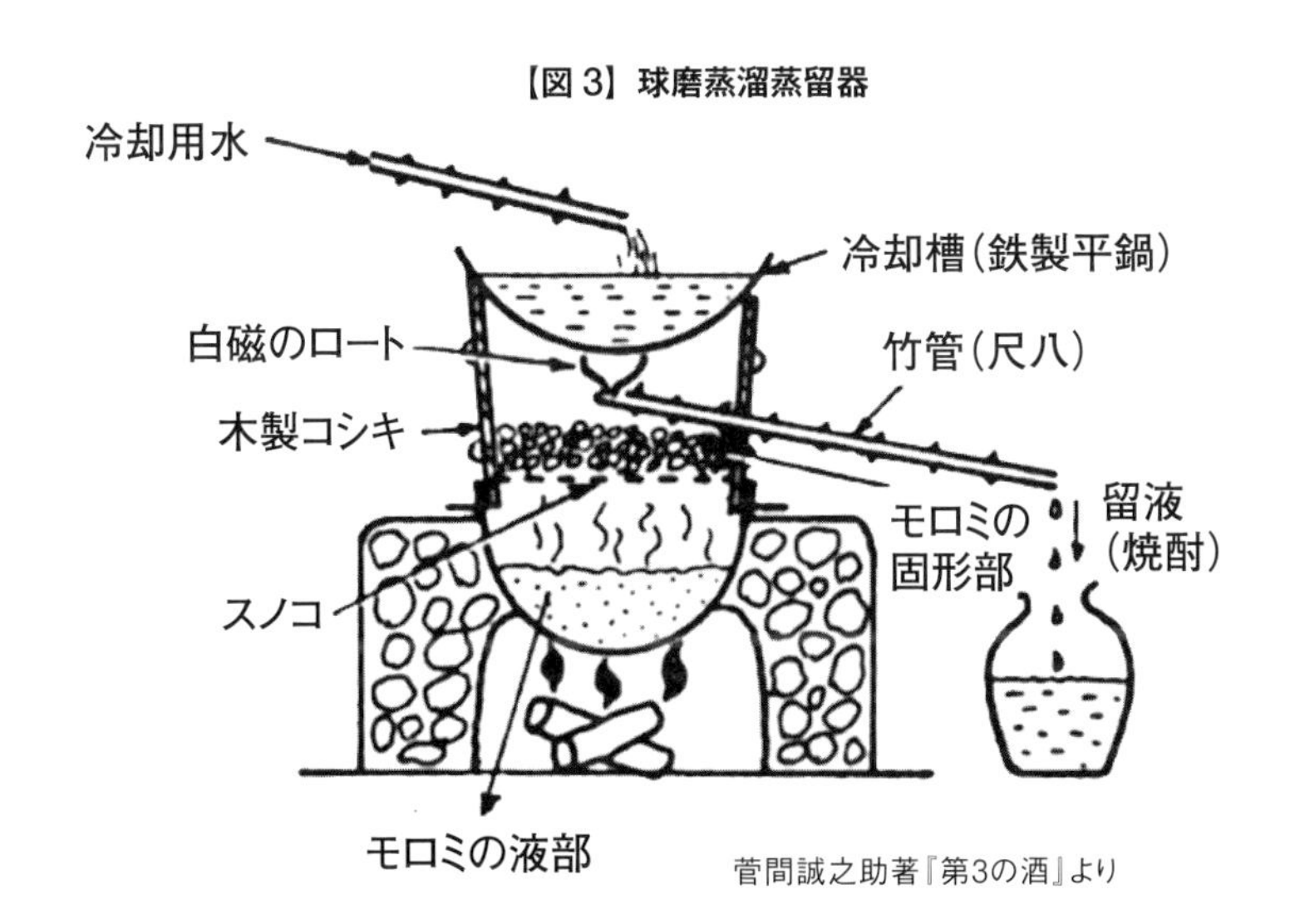

菅間誠之助著『第3の酒』より

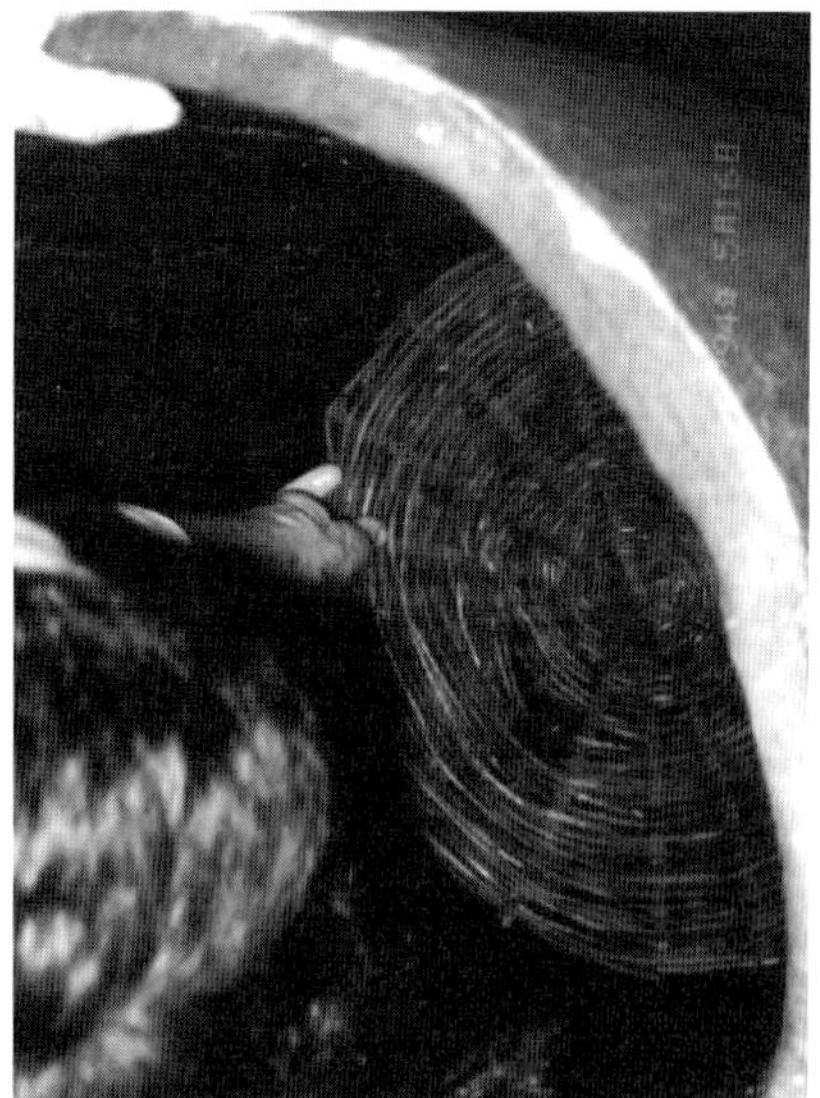

【写真1】
雲南のコシキ（上右）と蒸留器（上左）、
内部のスノコ（左）

【写真2】
海南島のコシキ(左)と蒸留器(下)

雲南から渡った海南島黎族の炊飯器と蒸留器はさらに類似性が高い。黎族の蒸留器は胴がくびれた臼型をしている特徴的な形状だが、炊飯器もまったく同じ構造である（写真2）。アジアの蒸留酒が台所から発展したために食中酒として飲まれるようになったと考えると興味深い。

もう1つがツブロ式と呼ばれる蒸留器である。ツブロとは薩摩の古語で「頭」を意味する。釜に液体モロミを入れ、上にコシキをかぶせる。錫製の帽子状の冷却器（ツブロ）がコシキの底板に埋め込まれているユニークなものである。ツブロ上部のコシキ内には水を張る。モロミを加熱すると、蒸発したアルコールがツブロ内部へ上昇し、コシキの水で冷却されてツブロの溝に流れ落ち、外へ管で取り出す仕組みである。

このツブロ式蒸留器は薩摩の芋焼酎で使われてきたもので、薩摩以外では現在のところ見つかっていない。

薩摩のツブロと福建省のツブロ

ツブロ式蒸留器は中国でもほとんど知られていなかったが、近年、福建省の福州市で薩摩のツブロとうりふたつの蒸留器を見つけた（写真3）。とても偶然にそれぞれ生まれたとは考えられないほどよく似ている。

錫は熱伝導率が高いので冷却器の材質としては優れているが、それにしてもカブト釜とはまったく異なる錫製の蒸留器がなぜ、薩摩と福建にあるのだろう。福建は錫が豊富で錫加工の盛んなところだった。薩摩には薩摩藩直営で藩の財政を支えてきた錫山があった。

よく似た背景をもつこの2つの地はもう1つの糸で結ばれていた。薩摩の支配下に置かれた琉球は、一方で中国王朝に朝貢品を贈り、その見返りに下賜品を貰う朝貢貿易を行っていた。その一行の滞在施設が福建省福州市にあった。

これらのことから、福建省のツブロが琉球を通じて薩摩に伝わり、錫の産地であった薩摩に定着した可能性が高いと考えられる。近年まで、焼酎の蒸留冷却器に使われていた錫製蛇管も、この錫製ツブロの流れをくむものだろう。

ツブロ式は中国から日本に伝わった?

沖縄の蒸留器は明治末年に破壊されて現存するものはないが、田中愛穂(ちかお)が書き残したノートには、琉球芋焼酎に使われたとされるツブロ式によく似た蒸留器が描かれている(図4)。この蒸留器とそっくりの蒸留器が浙江省でも使用されていた(195ページ写真2)。台湾の古記録にも、法主頭と称するツブロ式と思われる蒸留器の記述がある。その冷却水の温度管理が面白い。ツブロ式では、ツブロからの熱は上部に上がりコシキ上部の温度が高く、コシキの底部では温度上昇が緩やかな特徴がある。そこで鮒(フナ)を泳がせておくと、鮒が浮き上がってくることで底部の温度上昇がわかる。鮒を水の入れ替え時を知らせる温度センサ

【写真3】
埋め込まれた薩摩のツブロ(上)、福建省福州市のツブロ(下)

ーとして使ったのである。

どうやら、このツブロ式蒸留器は薩摩、琉球、台湾、福建省、浙江省といったところにだけみられる地域性のきわめて強いもののようである。

中国の古文書である農政全書には、「若し焼酒を造るは、或は即ち諸酒を用い、鍋に入れ、蓋は錫の兜釜を以ってす」(『農政全書』徐光啓著、１６３９年)とあり、１６３９年には錫製の蒸留器が使用されていたことがわかる。

【図4】沖縄の古式蒸留器

歴史的にみても、薩摩の錫鉱発見が１６５５年（明暦元年）で、採掘が始まったのが１７０１年（元禄14年）だから、中国での錫製冷却器が早く、中国伝来の可能性が高い。

それにしても、日本ではなぜ薩摩の芋焼酎だけに錫製ツブロが使われ続けたのか。芋焼酎のモロミは穀類に比べて粘性が高い。そこでまず釜にモロミを入れ、焦げ付き防止のために水を加え、撹拌しつつ加熱沸騰させる。流動性が高まった沸騰直前にツブロを組み込んだコシキを載せ、その内部を水で満たす、という操作手順になる。

ツブロ式とカブト釜式では、ツブロ式の方が高いアルコール度が得られるので、もともとアルコール度の低い芋焼酎には適している。冷却水の量もツブロ式が多いので水の入れ替えの頻度も少なくて済む。そして薩摩は錫の産出地だった。

いずれにしても、焼酎に蒸留器という道具があるのはうれしいことである。その類似性をたどっていけば、歴史とロマンが広がっていく。

【参考文献】
『世界を見てしまった男たち』春名徹著（文藝春秋、１９８１年）
『江戸時代人づくり風土記46　鹿児島』（農文協、１９９９年）
『調査研究　琉球泡盛ニ就イテ：焼酎麹の原典』田中愛穂著（１９２４年）（永田社、１９７８年復刻）
『専売制度前の台湾の酒─外地酒造史資料集五』（文政書院、２００２年）

第4章

雲南白酒はアジアの蒸留酒の源流か？

日本への蒸留酒の伝来ルートには3つの説がある。

韓国経由説、大陸直輸入説、そして沖縄経由説だが、いずれも出発点は中国である。

古式製法を守り続けてきた中国の白酒

韓国の李氏朝鮮から対馬の宗氏に焼酎が最初に贈られたのは1404年（室町時代・応永11年）のことで、これが日本における焼酎の最初の記録である。朝鮮の焼酎は高麗王朝がモンゴル（後の「元」）に服属していた時代にもたらされた。

沖縄は中国と進貢貿易を通じて深い交流関係にあった。また九州の西海岸はその昔、倭寇の巣窟で中国大陸を荒らしまわっていたことから、中国から蒸留技術を持ち帰ったとしても不思議はない。

だが今ではそれぞれの国の風土、文化、民族性を反映して、製法も酒質もモンゴル族の蒸留酒とは大きく異なった形になっている。

その中で、延々と古式製法を守り、外来の影響をかたくなに拒んでいるように見えるのが、本場中国の白酒（パイチュウ）である。百聞は一見に如かず、というが、とにかく常軌を逸した製法である。

まるでレンガのような白酒の麹、大曲

驚きの第一はまず麹つくりである。中国の白酒は、麹を用いる蒸留酒という点では日本の焼酎と同じだが、その麹が大きく異なる。

日本の麹は、蒸した米一粒一粒に種麹をふりかけて40時間ほどかけて増殖させ（バラ麹）、できた麹は保存することなくすぐ水や酵母を加えて仕込んでしまう。

しかし、中国は麹原料を蒸さない。小麦や大麦、えんどう豆などの生の原料を粉砕し、少し水を加えて型枠に入れレンガ状に成型する。これを麹室に入れて30日程するとまさにレンガのようにカチンカチンの麹（大曲）が出来上がり（写真１）、乾燥させ保存しておいて必要な時に粉砕して使用する。

蒸した米には黄麹菌（清酒麹）や黒麹菌、白麹菌（焼酎麹）がよく増殖するが、生の原料に生えるのはクモノスカビやケカビと呼ばれる菌で、麹の種類が異なる。麹は、原料を蒸すか蒸さないか、製麹期間が長いか短いか、すぐ使うか保存しておいて使うかで、生えてくる菌の種類など、ことごとく異なっているのである。

その点、韓国の麹（ヌルク、麯子）は中国の影響をそのまま残しており、伝来のあとを偲ばせている。

【写真 1】製麹中の大曲。まるでレンガのよう

白酒は固体発酵を行う

次の驚きは発酵の方法である。日本の酒造りでは、カメやタンクなどの発酵容器に入ったモロミを櫂棒でかき混ぜたり、ポンプでモロミを移動したりする。これは酒造りに大量の水を使用する液体発酵だからできることである。

ウイスキー、ブランデー、焼酎、ワイン、清酒、ビールなど世界の他の酒は皆、液体発酵である。

だが中国の白酒は仕込み水を使わない固体発酵である（写真2）。粉砕した大曲と蒸した高粱などを混ぜて、水を加えずに窖（ジャオ、写真3）と呼ばれる地下に掘った穴蔵に入れ、上から土を被せて密封して発酵させる。

白酒は蒸留と主原料の蒸しを同時に行う

蒸留の方法も変わっている。モロミは固体なので、ポンプでくみ上げるのではなく穴蔵からスコップで掘り出し、これを主原料であるコウリャンなどと混ぜて蒸留釜に入れる。

蒸留釜の底には網がありその上にモロミを乗せて、網の下から蒸気を入れるようになっている（写真4）。蓋を被せると日本の蒸留器と同じような形になるが、蒸留と主原料の蒸し

【写真 2】 水分のない白酒の固体モロミ

【写真 3】 白酒の地下発酵槽・窖（ジャオ）

【写真 4】白酒の蒸留器
網にモロミを乗せて、網の下から蒸気を入れる

を同時に行う奇妙な蒸留である。

蒸留の際に殻つきのコウリャンを加えるのは、コウリャンを蒸す目的の他に、固体モロミを蒸留する際に蒸気の通りをよくするためでもある。

固体モロミは発酵効率が悪く、また蒸留の際に主原料を加えて蒸しているので、これを冷却して麹（大曲）を加えて穴蔵で再発酵させる。日本式にいえば、焼酎粕に主原料を加えて再発酵させるわけである。これを何回も繰り返すので、どこが製造のはじまりなのかよくわからなくなってくる。

とにかく、麹を使って単式蒸留を行うという点では同じだが、その実態は日本の焼酎造りとかけ離れていて、これが日本の焼酎の源流とはとても思えない。

この中国の蒸留酒は『飲膳正要』（忽思慧著、１３３０年）や、『本草綱目』（李時珍著、１５５２年〜１５７８年）の記録から、モンゴル人が打ち立てた元王朝の時代に中国の西南夷（今の雲南地方）からもたらされたとするのが定説になっている。モンゴル人によるモンゴル帝国は13世紀にユーラシア全土に領土を拡大し、中国を支配。雲南の酒はこの際に中国に持ち込まれた。それまで歴代の漢族中国王朝は西南夷を支配下に置くことができなかったので、西方の酒文化は流入していなかった。

雲南には前章で紹介したように今でも原始的な酒造りが残っている。液体発酵の醸造酒もあれば、固体発酵のトウモロコシ蒸留酒もあった。だが、白酒は同じ固体発酵でも、麹は蒸した原料に麹菌をはやす日本と同じようなバラ麹である。この雲南の酒造りが現在の白酒製法に本当に影響を与えたのか、となると、正直首をかしげざるを得ない。

雲南省最南端で見た白酒造り

雲南省の最南端に位置するシーサンパンナ（西双版納）・タイ族自治州の中心都市景洪から東南へ約40㎞、ミャンマーとの国境に近いガンランバ（橄攬壩）で米焼酎（白酒）造りを見ることができた。ガンランバはタイに似た農村風景が点在する地域である。

タイ王国をつくったのはもともとモンゴル族に追われて南下した中国のタイ族である。泡盛のタイ伝来説は、沖縄出身の歴史学者、東恩納寛惇（ひがしおんなかんじゅん）がタイ国の蒸留酒であるラオ・ロンの風味が泡盛に似ていると指摘したことに由来するが、その源流は雲南のこの一帯にある。

シーサンパンナのタイ族は山地に住む旱タイ族と違い、水辺に住むので漢族からは水タイ族と呼ばれる。ちなみに雲南の省都昆明の標高が１９２３ｍなのに対し、水タイ族の住む景洪は５１０ｍである。

カンランバでみた米白酒のつくり方は次のようなものである。

まずモミ殻がついたままのうるち米を約２時間やわらかくなるまで煮る。冷却後30分蒸す。これに種麹を加え、竹かごに入れてバナナの葉をかぶせ、家の陰で２日間製麹する。このモミ米麹を、水を加えることなく小さなカメに仕込み、上部をバナナの葉で覆い空気を遮断し、密封して15日間程度発酵させる。

蒸留は、１本の木をくりぬいて底に竹のスノコを置いたコシキを水の入った平鍋の上に置き、このコシキの中に取り出した固体モロミを入れる（写真５）。

【写真 5】雲南の蒸留器の内部
コシキの中に米焼酎の固体モロミを入れる

【写真6】雲南の蒸留器
銅製冷却鍋からしたたり落ちる米焼酎を管で取り出す

【写真7】粉砕生米に麹を生やした餅麹（小曲）

そして受樋をコシキの中央にセットし、その上に下がとがった形の銅製冷却鍋をセットする。下から火を焚くと平鍋の水が沸騰し、その蒸気が固体モロミのアルコールを蒸発させ、冷却鍋に触れて受樋にしたたり落ち、受樋の管を通って外へ白酒が取り出される仕組みである（写真6）。

雲南の白酒は中国の白酒の源か？

固体発酵の米のモロミは蒸留の際、蒸気の抜けを良くするために、もみ殻つきのモミ米が適している。だが、モミ米では麹がつきにくいため、いったん煮てふやけさせモミ殻をはじけさせる必要がある。この固体モロミからは容易に高濃度のアルコールを得ることができる。ここのモミ米白酒のアルコール度は52度だった。

この製法は全部が米のバラ麹の蒸留酒という点で泡盛の製法によく似ている。第四部第3章（187ページ）で昔の泡盛が固体発酵であった可能性を指摘したが、もしそうだとしたらこの雲南の製法に近いものだったと想像される。

では、この製法が中国の白酒の源になったとすればどのように考えればいいのだろう。

雲南の白酒の種麹は現在フスマ麹が使われているが、以前は今も農村地帯で広く用いられている粉砕生米に麹を生やした餅状の麹（小曲（しょうきょく）、写真7）を使っていたと思われる。

これを蒸煮したモミ米に加えれば日本式のバラ麹ということになるが、中国ではこの小曲が製造設備の大型化の過程でレンガ状の大曲になったのではないだろうか。
カメも地下穴倉（窖）に代わり、モミ米は高粱に代わり、固体モロミを密封して発酵させる点は同じである。製造設備の見た目は大きく変わったが、その原点はほぼ同じで今に至っていると考えられないことはない。

実はこれを裏付ける遺跡が江西省で２００２年に発掘された。この李渡鎮遺跡はたびたび洪水に見舞われたところで、水没した設備を埋め立てその上に新たな設備が新設されていた。最下層の元代に使われていた円形のカメからは米を原料とした発酵粕が発見され、それは蒸煮したモミ米のバラ麹だったのである。

【参考文献】
『焼酎の事典』菅間誠之助編著（三省堂、１９９１年）
『アジアの蒸留酒の源流』鮫島吉廣著（「酒販ニュース」２００６年11月１日）

第5章

朝鮮焼酎は対馬に伝来したか

焼酎伝来説のひとつに韓国ルートがある。

日本と朝鮮は１４００年代初頭から通交を展開し、富山浦（釜山）、乃而浦（熊川）、塩浦（蔚山）の三浦が倭人に解放され、２０００人から３０００人の倭人が居住していた。

１４０４年（応永11年・室町時代）には、朝鮮国王太宗が対馬の領主宗貞茂に返礼の品として朝鮮焼酒（焼酎）を贈っている。これは日本人が初めてみた最初の焼酎と言われている。その後90年間にわたって２３５５本の朝鮮焼酒が贈られた。

日朝通交で重要な役割を担った対馬の宗氏

15世紀前半、日本と朝鮮は平和と友好、そしてスムーズな貿易を行うため、朝鮮は「通信使」を、日本は「日本国王使」を派遣するようになる。日朝通交が飛躍的に深められた１４００年代、この交流において重要な役割を担ったのが対馬の宗氏だった。この頃、朝鮮の焼酒が日本へ伝わったとしてもおかしくないとする説の根拠である。

朝鮮通信使は李朝政府の官僚、学者、文化人や着飾った楽隊など３００～５００人もの大使節団で訪日し、宿舎では日本の学者、文人らと交流を行っている。朝鮮の酒を酌み交わしたかもしれない。

この韓国伝来説を検証するために、壱岐、対馬、そしてかつて倭館があったとされる釜山を訪ねた。

だが、壱岐、対馬では韓国焼酎との関係を裏付ける資料を確認することはできなかった。韓国と対馬はわずか60キロメートルを隔てるだけで、歴史的交流が深いにも関わらず、焼酎伝来の痕跡が何ひとつ見られないのは不思議に思えたくらいである。司馬遼太郎もその著『壱岐・対馬の道』で次のように述べている。

「私は当初、対馬には濃厚に朝鮮のにおいが残っているだろうと思っていた。が、方言にも…地名にも…民族においても…まったく朝鮮のにおいがしない」

釜山に焼酎伝来に関する痕跡はなかった

実は、朝鮮と対馬の関係は友好的なものではなかった。14世紀の初めに発生した倭寇（わこう）は、対馬や壱岐を基地にして朝鮮や中国の沿岸を荒らし回っていた。倭寇の害はひどく、高麗朝滅亡の主要な原因とも言われている。

1392年、李成桂が李氏朝鮮を建てると、李氏朝鮮は対馬が倭寇を取り締まることを条件に、対馬を日本側窓口として貿易を認め、さらに対馬に米と豆を援助し、対馬の優遇策をとった。

それ以後、朝鮮貿易は対馬の独占となり、宗氏の家臣は倭館（わかん）と呼ばれる許可された地域で貿易に従事することになる。

だが、対馬藩の在外公館であった釜山（プサン）の倭館は、敷地は2万坪という広さだっ

【写真1】韓国焼酎蒸留器「古里（コリ）」
仁川国際空港に展示

たが、朝鮮側はこれに関門を二重に設け、日本人の勝手な外出を禁じ、少数の朝鮮人常駐者を許しつつも厳重に鍵をかけて朝鮮人との意図的な接触を許さなかったのである。

かつて倭館があったとされる釜山の水營はスヨン湾を見下ろす景勝の地にあり、倭寇の昔を偲び旅情をそそられるものがあったが、現在は公園になり、倭人居留の痕跡は何も残っていなかった。この地は秀吉の韓国侵略軍の上陸地点となったところであり、秀吉の朝鮮侵略の際の英雄を祭る廟に日本との関係をみることができるくらいであった。

次に訪ねた博物館には日本統治時代の清酒の壺やトックリがわずかにあるだけで、日本の蒸留器はもとより韓国伝統の蒸留器である古里（コリ）（写真１）すら展示がなかった。また、モンゴルからもたらされたとされる韓国焼酎（ソジュ）の産地は元軍の兵站基地であった開城、安東、済州島であり、釜山は今でいう伝統的焼酎の産地ではなかった。

釜山には日本に伝達すべき焼酎製造技術はそもそもなく、ましてや閉鎖社会の中で生活を余儀なくされた倭人たちにその技術が伝わった可能性は低いと思わざるを得なかった。

対馬にも焼酎伝来に関する痕跡はなかった

対馬宗氏は、鎖国体制化にあって正式に海外渡航を許された唯一の窓口であり、朝鮮通信使は厳しい鎖国体制下のもと江戸に入ることのできた唯一の外交使節ではあったが、一方で対馬は、国境の島、防人の島として本土防衛の最前線の位置にあり、交易も文化的鎖国の上に成り立ち、庶民レベルでの地域交流はきわめて乏しかったものと思われる。

では、対馬における焼酎の実態はどうだったのだろう。

寛文4年（1664年）に酒屋は37軒あったというから、酒の製造は盛んだったようである。ただ、酒の売買は城下町だけに限定され、田舎への販売は厳しく禁止されていた。元禄6年（1693年）には次のような「御壁書（おかべがき）」が出されている。

「田舎での酒の売買は禁止すると申し伝えていたところだが、村々で焼酎を造ってこれを商売にしているものがいると聞く。田舎で酒の売買を行ったものは厳しく処罰する。たとえ自家用の焼酎であっても麦を使うので以後は必要最低限造るように」

食糧の乏しかった対馬藩では水田からの年貢は少なく、畑からの麦が年貢の中心だった。自家用の焼酎の製造は許可されていたが、年貢の麦を使用するのでこれも「必要な分だけ」と規制されてはいるが、当時対馬で麦焼酎が造られていたことがわかる。サツマイモはまだ伝来していないので芋焼酎ではない。元禄16年（1703年）には、焼酎甑（こしき）（蒸留器）に封印をして取り締まりを強化している。

対馬の密造酒「山猫」

芋焼酎が表舞台に出てくるのは幕末のことである。文久元年（1861年）の記録に「田舎では芋焼酎を造り年中用いている」とある。いつ頃から始まったかはわからないが、農民の生活に芋焼酎が定着していたことがわかる。
この芋焼酎はその後、終戦後まで密造酒として脈々と造られ続けることになる。この密造酒のことを、対馬では「山猫」あるいは蒸留器からチョロチョロと滴り落ちることから「チョロン」と呼んでいた。

【図1】対馬山猫蒸留器（「対馬の庶民誌」より）

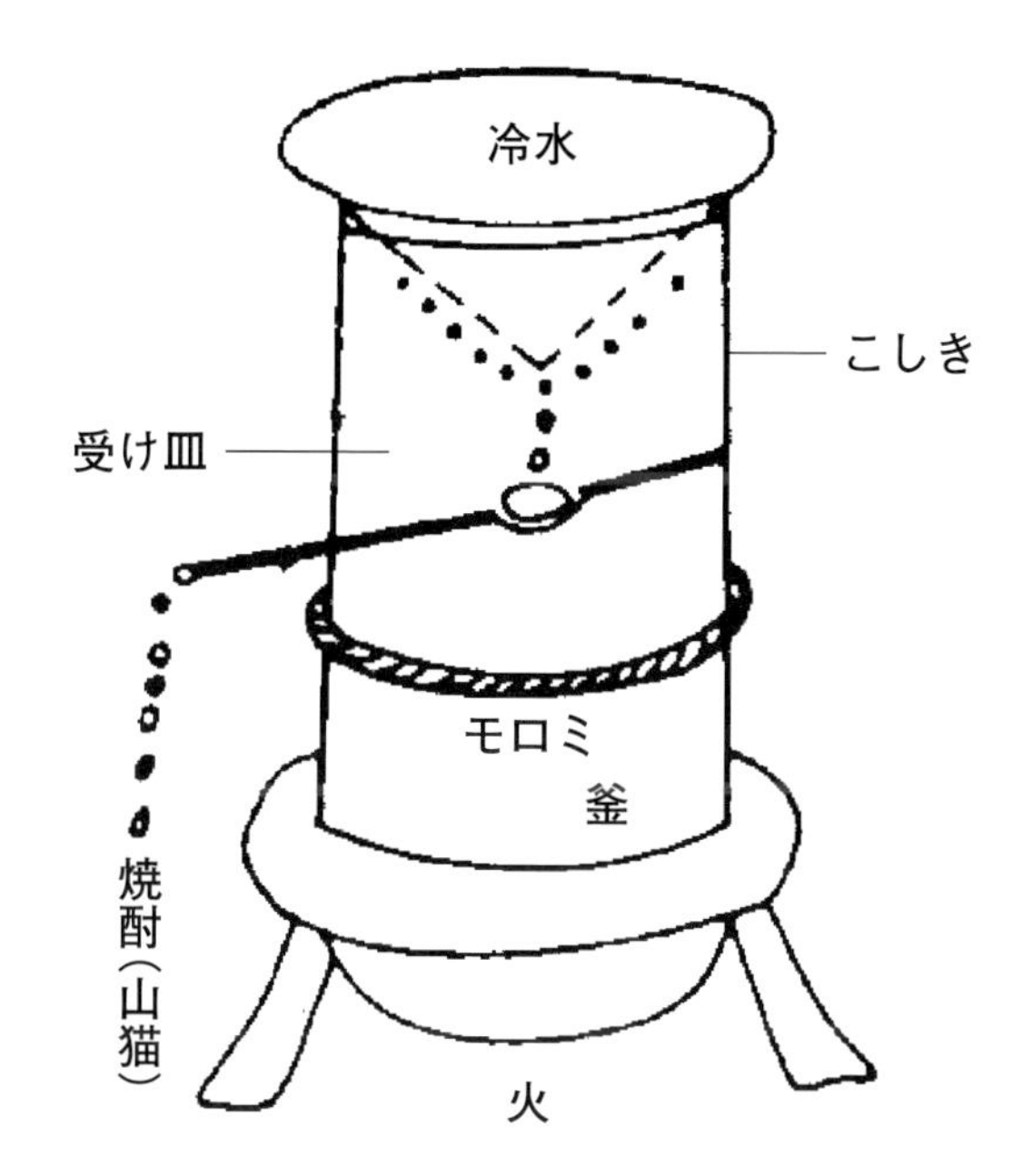

終戦後の「山猫」の造り方は次のようである。

「まず麦で麹を造る。甘藷を煮て砕いて湯を加えて柔らかく練る。それに麦麹を混ぜて3週間くらいねかせておくと、ぐつぐつたぎって発酵してくる。こうして発酵した甘藷の山猫の元を釜に入れ、釜の上にコシキを乗せる。桶は杉板を円くつぎあわせて外を竹の輪で固く締めて、高さ45センチくらいの桶とする。コシキの中央に木でつくった円い受け皿を支え、受け皿から外へ流れ出るように小さな樋をかける。『コシキ』の上に三角錐の鉄鍋を、三角のとがったところがこしきにスポッとはまるように乗せる。その鉄鍋に冷たい水を一杯入れる。この三角錐の鉄鍋は冷却水入れで『天水』と称する。この天水こそ山猫づくりの大事な道具である。」（図1）。「造り方によっては焦げ臭い匂いがしたり、水っぽかったりする。」

この造り方は、「ドンブリ仕込み」と呼ばれる日本の古式焼酎の製法だが、壱岐の麦焼酎が米麹を使うのに対し、対馬の麦焼酎は麦麹であるところに特徴がある。芋焼酎も麦麹を使っていた。

韓国と対馬では蒸留器も異なる

韓国の伝統蒸留酒の造り方は、麯子（ヌルッ）と呼ばれる中国式の麹（写真2）を用い、これに米飯と水を加え液体発酵させ、古里（コリ）と呼ばれる陶器製の蒸留器で蒸留して造られる。

【写真2】韓国の麹「麯子（ヌルッ）」

これに対し、対馬では麦焼酎、芋焼酎ともにバラ麹を用い、蒸留器もカブト釜式と呼ばれる日本伝統のものであり、麹にも蒸留器にも韓国の影響はみられない。

朝鮮貿易は対馬藩の財政を潤し、朝鮮半島から仏像、経典、青磁などの大陸系の文物をもたらしたが、酒に関しては伝来の痕跡を伝えるものは何も残っていない。

【参考文献】

『焼酎の事典』菅間誠之助編著（三省堂、１９９１年）
『日韓共通歴史教材　朝鮮通信使』日韓共通歴史教材制作チーム編集（明石書店、２０１３年２００５年？）
「鹿児島における焼酎つくりのルーツについて　朝鮮ルートの可能性」蟹江松雄著（『温古知新No.34』、１９９７年）
『街道をゆく13　壱岐・対馬の道（朝日文庫）』司馬遼太郎著（朝日新聞社、１９８５年）
『対馬の庶民誌』城田吉六著（葦書房、１９８３年）

第6章

初期の芋焼酎造りに中国の影響はあったか？

焼酎製造法の始まりは、米麹（黄麹）と蒸米、水を同時に加えて発酵させ（ドンブリ仕込み）、これを蒸留する製法で、清酒の酒母（酛）に相当するものを蒸留していた。米麹と水だけを原料とする泡盛の製法とは異なる。

１７００年代前半にサツマイモが伝来すると、蒸米に代わってサツマイモを主原料として芋焼酎が造られるようになるが、甘いサツマイモは雑菌により汚染されやすく、またモロミの粘性が高いなどの問題があり、製法の見直しが図られた。

その過程で生まれたのが、米麹とサツマイモを切り離して仕込む二次仕込み法である（第三部第１章　１０２ページ）。

したがって、現在の二次仕込み法は、他所から伝来したものではなく、清酒の製法を基本に、独自の二次仕込み法が開発され、明治後年、泡盛の黒麹菌を導入して完成したもので、薩摩で開発されたオリジナルの製法ということになる。

だが、今は消えてしまった昔の薩摩の芋焼酎や琉球芋焼酎に、中国の古式芋焼酎の製法の影響がみられることを第三部第２章で指摘した。遠い昔には、中国の酒造りの影響を受けていた可能性がある。

この中国の影響を、中国と日本の古文書から再検討してみたい。

日本で最も古い芋焼酎製造法の記録は『金薯録』に

芋焼酎の製造法が記された最も古い記録は、筆者の知るところでは寛政7年（１７９５年・江戸時代後期）刊行の『金薯録』（佐藤成裕著）である。

佐藤成裕は江戸の著名な本草家で薩摩藩主島津重豪に見い出され、薩摩に2年間滞在して薩摩の物産と薬物の調査にあたり、『金薯録』を著した。「金薯」とは、１５９４年、閩（福建省）の陳振竜、経綸親子が呂宋国（フィリピン）から朱藷（サツマイモ）を密輸して持ち帰り、閩の飢饉を救ったことから名付けられたもの。

その『金薯録』の中に「醸酒」が記されている。その製法は次のようなものである。

「醸酒　甘藷数百斤、蒸して皮を去り、蒸飯1斗、米麹3升、水2升、皆和してよく搗き、数日を経て、蘭人の用いる『ランビキ』を以て、その湯気を取り焼酎となす。薩州の民家、たいてい、この法を以て各家に醸し、常に用う。『ランビキ』も錫を以て桶の中に作り、世の焼酎を採る器とたいてい相類す」。

残念ながら、この仕込み配合では麹の割合（麹歩合）や水の割合（汲水歩合）が著しく低く、焼酎は造れない。聞き取り間違いだろうか。

ここで注目されるのは、米麹、蒸米、水による米焼酎造りにおいて、蒸米の一部を甘藷に置き換えていると思われること、芋は皮を取り除いたものを使用し、そして錫製の冷却器を埋め込んだ蒸留器（ランビキ、ツブロ）を使用していることである。

『蕃藷考』に書かれた記録はもう少し具体的

より正確な製法と思われるのが文政6年（1823年）に刊行された『蕃藷考（糸川氏施板）』である。4人の甘藷論を合わせたもので『蕃藷合考』とも呼ばれる。その一人で長崎の地役人であった小比賀某が芋焼酎の造り方を次のように紹介している。

「小比賀先生いわく、焼酎を取る法は、芋6貫目皮を去り、蒸して搗き砕き、麹3升を加え、瓶（かめ）に入れ、水にてゆるめ、よく混ぜ合わせ酒に造りこみ、3日目に笹の葉の黒焼き13文目5分、絹の袋に包み、瓶の中に入れ置き、初めより10日過ぎて、釜にて煎じ（蒸留し）、湯気の露を取り上げ、上品は7、8升、下品は1斗余りもとる也。味わい泡盛に異ならず。ランビキのごとき器にてもよし、田舎にては勝手のよきにまかすべし」（写真1）

ここには水の使用量は書かれていないが、麹歩合が7％で十分製造可能な麹量で、盛んに発酵している3日目に笹の黒焼きを投入し、蒸留の際には焦げ付かないように上等のものは蒸留の切り上げを早めるなど実地に即した製法が記されている。

「小比賀先生」は長崎の役人だが、芋焼酎の実態に詳しく、灰を投入する薩摩の地酒に似た製法が紹介され、さらに田舎でも芋焼酎が盛んに造られていたことを思えば薩摩の芋焼酎についての記述の可能性が高いと思われる。だが、この小比賀先生と薩摩の関係についてはわかっていない。

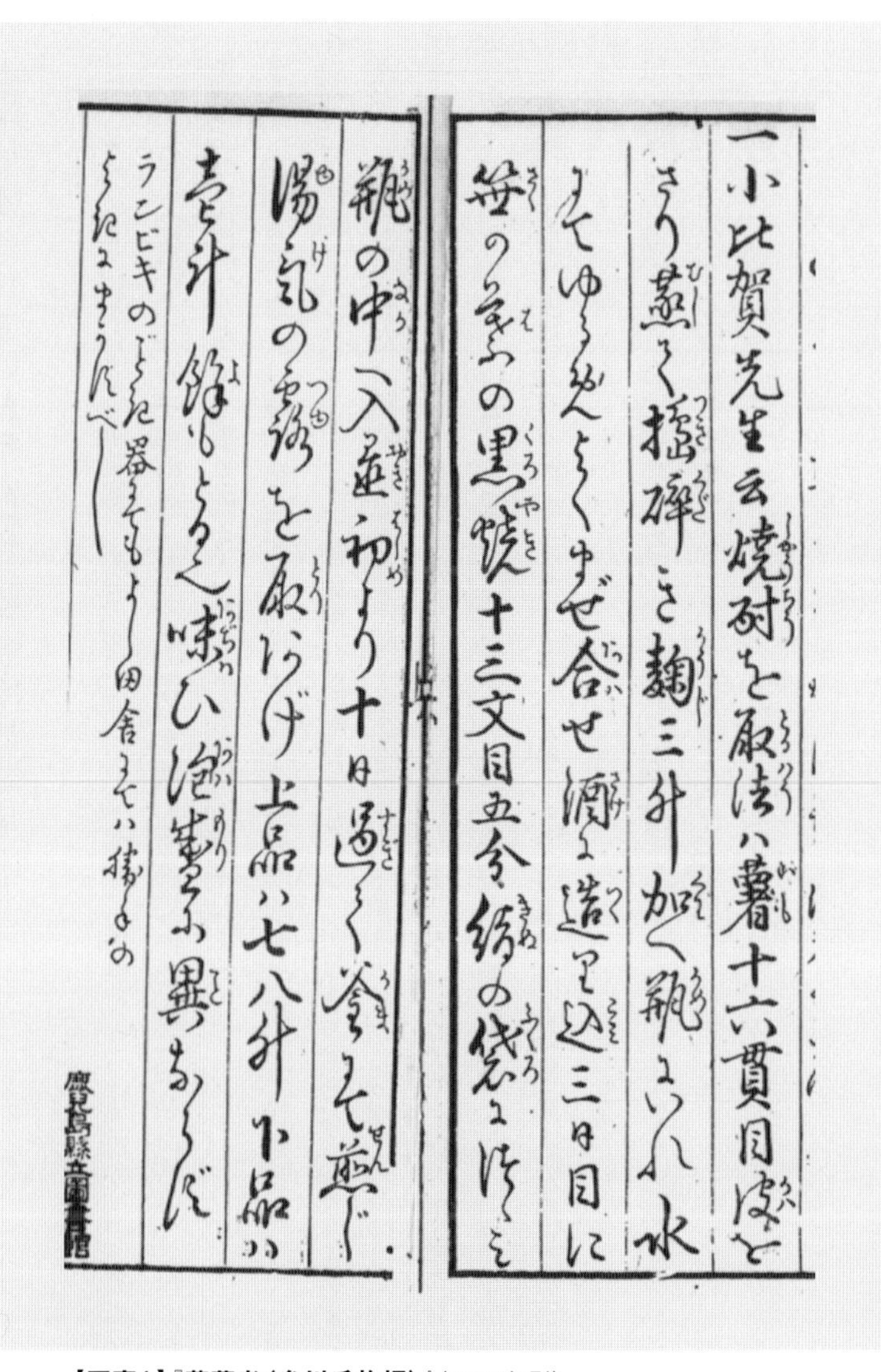

【写真1】『蕃藷考（糸川氏施板）』（1823年刊）

中国で使われていた絹の袋と錫製冷却器

この2つの記録から、『金薯録』の当時は米の一部を芋に置き換える製法がとられていたが、30年ほど後になると主原料の全量が芋に置き換えられていたことがわかる。そして芋は傷んだ部分を取り除くために皮を剥いて使用していた。

また、温暖な薩摩では腐造を防ぐために清酒造りの発酵途中で木灰を投入してつくる地酒(灰持酒(あくもちざけ))が造られていたので、芋焼酎醪に灰を投入することは十分考えられることである。ただ、サラサラした清酒モロミと違い、芋焼酎モロミはドロドロしているので、そのまま投入したのでは効果が期待できないので、袋から漏れやすい木灰ではなく笹の黒焼きを絹の袋に包んで入れて、絹の袋でろ過した清澄な液と笹の黒焼きが触れ合うように工夫したと考えられる。そして蒸留器は当時ランビキと呼ばれていた錫製冷却器を埋め込んだものが使われていた。

気になるのは、どうして絹の袋なのか、そして薩摩でしか見つかっていない錫製冷却器を埋め込んだツブロと呼ばれる蒸留器がどこから来たのかという点である。

芋焼酎モロミに絹を使う知恵は中国に学んだのでは？

サツマイモが中国閩（福建省）に伝わったのは１５９４年のこととされるが、１６３９年刊行の『農政全書』（徐光啓著）には早くも、醸造酒であるイモ酒と芋焼酎の製法が紹介されている（写真２）。

サツマイモから醸造酒を作る方法は現在でもかなりの技術を要するが、今から４００年も前に造られていたとは驚く。

その製法は「酒を造る法は、藷根を短く切断して日にさらし、半乾かしにして、甑にあげて煮る。取りだし、揉みただらし、甕に入れ、酒薬を加える。…中間に小さな水たまりをつくり、漿を伺い、時期がくれば水を加えて（発酵を促進させ）絹袋を用いて濾過する」とある。

つまり、生のサツマイモをスライスして干乾しにして半乾きにして、澱粉含量を増やすとともに水分を減少させる。これを煮て、酒薬（酵母が混じった麹）を加えて、カメに仕込む。その際、カメの上部中央に液が溜まるようにくぼみをつくっておく。くぼみがつくれるくらいだから、半固体状のモロミである。くぼみにプツプツ泡立った液（漿）が溜まってくると、液化が進み、酵母の増殖とアルコール発酵が進行していることを示している。そこで追加の水を加え発酵を促進させる。

最初から水が多いと雑菌汚染を防げないので、初期は極力水を抑え、酵母が増殖してから水を加える理にかなった方法である。このくぼみをつくる方法は、１１１５年頃に書かれた

造酒法諸根不拘多少寸截斷曬晾半乾上甑炊熟取出揉爛入瓶中用酒藥研細拌和按實中間作小竅候發到看老嫩如法下水用絹袋濾過或生或熟任用其入缸寒煖酒藥分兩下水升斗或用麴蘖或加藥物香料悉與米酒同法若造燒酒或即用蘖酒入鍋蒸以錫兜盛蒸氣滴槽成頭子燒酒或用蘖糟依法造成常用燒酒亦與米酒米糟造燒酒同法

【写真2】『農政全書』（徐光啓著、1639年刊）

『北山酒経』（朱肱著）に「真ん中は竪穴状にあけておく」とあるように、中国の醸造酒（黄酒）造りの伝統的な製法であり、現在も受け継がれている。

発酵が終わると「絹袋」を用いて濾過してイモ酒ができる。絹で濾過するとドロドロしたモロミから清澄な液を取り出すことができて、洗えば容易に芋のヤニなどを洗い落とすことができる。

この絹で濾す方法は１７６８年刊の『金薯伝習録』にも「美しき繭（絹）で濾す」と漢詩に出てくることから、広く知られていたようである。１８０４年に薩摩藩が刊行した『成形図説』は多くの中国の文献を参考にしているが、『農政全書』と『金薯伝習録』もそのひとつである。

となると、芋焼酎もろみに絹を使う知恵はこれらの中国文献から学んでいた可能性がある。

薩摩のツブロ式蒸留器は中国伝来の可能性がある

こうして造ったイモ酒から芋焼酎を造る方法については「イモ酒を用い、鍋に入れ、蓋は錫の兜釜（かぶと）を以てす。蒸し煮して桶にしたたるは、はじめ成る子が焼酒なり」とあり、いったん絹の袋で濾過したイモ酒を蒸留している。

これだと粘性の高い芋焼酎モロミでも焦げ付くことがない。手間ひまはかかるが、確実な方法である。そして「錫の兜釜」で蒸留しているとあり、薩摩のツブロ式が中国伝来の可能性のあることが示唆される。

実は、ここに登場する地域や文献は琉球、薩摩と深い関係がある。中国にサツマイモを伝えた陳振竜親子は福建省の出身であり、この福建省から琉球を経て、薩摩にサツマイモがもたらされた。『農政全書』は徐光啓の赴任地である浙江省の黄酒造りを描いたものである。『金薯伝習録』を表した陳経綸は陳振竜の子孫である。

福建省、浙江省といった沿岸部は現在も醸造酒（黄酒）の生産地である。中国の蒸留酒である白酒は固体発酵であり、この製法でサツマイモを酒にすることは難しい。液体発酵の土地であればこそサツマイモを酒にできたものと思われる。そしてここは錫の生産地であり、錫の兜を埋め込んだ蒸留器（ツブロ式）が使われていた。薩摩もまた錫の生産地だった。


中国の文献は思いのほか早く日本に伝わっている。とりわけ琉球を支配していた薩摩には福建省を通じた交易でいち早く伝来したと思われる。

明治以降、焼酎の製法は独自の変貌を遂げたが、初期の芋焼酎は中国の影響を受けた可能性を一概に否定できないように思われる。

【参考文献】
『さつまいも　伝来と文化』山田尚二著（春苑堂出版、１９９４年）
『北山酒経（東洋文庫５２８）』中村喬編訳（平凡社、１９９１年）

第四部

歴史編

第1章

「焼酎」の最古の記録

日本における焼酎の最も古い記録は、ポルトガルの貿易商人であったジョルジェ・アルヴァレス（写真1）がフランシスコ・ザビエルに書き送った報告書『日本報告』の中に出てくるもので、天文15年（1546年・戦国時代）に薩摩の山川で米焼酎が飲まれていたことが記されている。

アルヴァレスが書いた「日本報告」に登場する米焼酎

16世紀前半、中国の明朝はポルトガル人との交易を禁じたので、ポルトガル船は倭寇や日本の沿岸住民と密貿易をせざるを得なくなり、アルヴァレスもその一人だったと思われる。『日本報告』には、山川港にアルヴァレスの船の他に2隻のポルトガル船が入港しており、このうちのポルトガル船1隻とシナ船60隻が台風で海に流されたことや、黒人がいたことなどが記されていることから、結構自由に外国船が出入りしていたことがうかがわれる。

港には多数の居酒屋や旅籠があり、飲食物や宿泊が提供され、いかがわしい女性もたくさんいた。そして「米から作るオラーカorraqua（米焼酎）及び身分の上下を問わず皆が飲むものがある。」と米焼酎が飲まれていたことが記されている。「オラーカ」は蒸留酒を指すポルトガル語で、語源は蒸散を意味するアラビア語のaraq。アジアで広く使われていた蒸留酒を意味する「アラク」「アラキ」などと語源は同じである。

アルヴァレスは日本のキリスト教布教の陰の立役者でもあった。アルヴァレスが山川港に

【写真1】アルヴァレスの像
ポルトガルの植民地だったマカオに立つ

入港していた時、人を殺めたヤジローが逃げ込んできた。フランシスコ・ザビエルの信奉者であったアルヴァレスはヤジローを助け、ザビエルに引き合わせるためにマラッカに伴った。

ヤジローに会い日本と日本人に関心を持ったザビエルは、アルヴァレスに日本情報の報告書の作成を依頼し、それに応えて半年間の日本滞在（１５４６年春または初夏～初冬）の体験を記したのが『日本報告』（１５４７年12月作成）である。その内容は、地理、気候、天変地異、動植物、農産物、衣食住、社会生活、制度、風俗、習慣、習俗、宗教など多岐にわたり、わずか半年の間によくぞここまでと思わせる内容で実に興味深い。

その中で、アルヴァレスは日本人の性格について、欲張りでなく親切、ものごとに関心が高く質問攻めにする、冬でも夏でも冷たい水は決して飲まない、領主を尊び信心深い、女性は均整がとれていてとてもやさしく親切、毎日２回入浴する、妻は１人しか娶らない、どこの家にも鍵がない、音楽を好み賭け事を非常に嫌う、正体を失った酔っ払いは１人もいない――などと日本人のきれい好きや真面目さ、信心深さを紹介している。また、盗みをしたら切り殺して構わない、女性が不貞をしたら切り殺して構わない――など規律の厳しさも紹介している。そして、高貴な人たちは家で食事するときもいつも刀を帯に差している、彼らは素晴らしい騎手であり騎馬で戦闘する、すべての人は大刀と小刀、甲冑を持ち、大きい弓の射手である――など常に戦に備えていたことを記している。

ザビエルと薩摩

『日本報告』が書かれた1546~1547年は、室町末期から戦国時代へと続く動乱の時代である。薩摩も例外ではなかった。

島津家の歴史は藩祖忠久が健久7年（1196年・鎌倉時代）、源頼朝の命を受けて薩摩へ下向したことに始まる。忠久は源頼朝と側室の丹後の局との間に生まれた子ともいわれ、関白近衛家の武官説もある。

薩摩、大隅、日向の三州からなるこの地には島津に劣らない名門豪族がひしめき、並び立っていた。

永正5年（1505年・戦国時代）、島津11代忠昌が死去してから三州の平和は乱れ、島津氏歴代のうちで最悪と言われる戦に明け暮れる暗黒時代となる。島津本家、島津分家、三州の豪族らが入り混じっての骨肉相食む戦が始まった。

この戦の主役として三州平定を成し遂げたのが島津日新公（写真2）（明応元年（1492年）生まれ（幼名、菊三郎）、永禄11年（1566年）に77歳で没）で、島津分家でありながら、大永7年（1527年）に14代太守勝久の後を受け長男貴久が14歳で15代太守となり、日新公（当時、忠良）自身は補佐役として実権を握ることになった。

ザビエルがヤジローを伴い鹿児島に上陸したのは天文18年（1549年）8月15日で、日新公が三州統一を終わらせようとしている頃（時の太守は日新公の長男、貴久公）である。

【写真2】島津日新公絵姿

ザビエルは伊集院の一宇治城で貴久公に面会し、キリスト教布教の許しを得た。薩摩上陸後わずか40日後のことである。だが、ポルトガル船に会うためにザビエルが長崎の平戸に20日ほど滞在し、薩摩に帰ってみると状況は一変、キリスト教は禁じられていた。

理由は、貴久が、ザビエルがポルトガル船を平戸から薩摩へ回航させることができなかったことに失望したこと、また短い間におよそ150人もの信者を増やしたことで寺院側がキリスト教禁止の願いを出したことによるものと言われている。天文19年（1550年）9月、ザビエルは薩摩を去って京都へ向かい、ヤジローも5カ月後には中国へ渡り寧波で生涯を終えた。

「焼酎」は最初から「焼酒」ではなく「焼酎」だった

最後まで島津を苦しめた豪族に、平安末期から大隅国（鹿児島県東部）菱刈を支配していた菱刈一族がいた。婚姻関係にあった渋谷氏や肥後国の相良氏らとともに反旗を翻し抵抗を続けた。だが、永禄12年（1569年）に大口城を明け渡して降伏。鎌倉時代の初めに下向して以来、400年近くにわたって大隅北部に勢力を誇った菱刈氏は島津氏の軍門に降ったのである。日新公がなくなった1年後のことだった。

この菱刈氏の領地に貴重な焼酎の記録が残されている。北薩の大口郡山八幡神社の柱貫に隠されていた落書きで昭和29年（1954年）の改修の際に見つかった。それは、木鼻と呼

【写真3】大口郡山八幡神社

【写真4】最も古い「焼酎」の落書き

ばれる飾り柱の上部がクサビ型に欠けて、その欠けた部分に署名入りの落書きをしたため、何事もなかったかのように釘で打ちつけていたものであった（写真3・4）。イタズラしたのは靍田助太郎、作次郎という名の宮大工と思しき2人である。

内容が面白い。「其時座主ハ大キナこすてをちやりて一度も焼酎ヲ不被下候　何共めいわくな事哉」と書いてあった。住職が大変なケチで一度も焼酎を飲ませてくれなかった。なんとも迷惑なことよ、と焼酎を飲ませてくれなかった恨みを書き残して隠していたのである。

念の入ったことに、永禄2年（1559年）8月11日と日付入りで、かつ2人の署名入りである。この落書きが関心をよんだのはその文章の面白さだけではない。発見当時、焼酎に関する最古の記録であったと同時に、そこに「焼酎」という文字が書かれていたことが大きな話題を呼んだ。

従来、「焼酎」は、「焼酒」を中国読みでシャオジューと読むことから、シャオジューがショーチューになって、「酎」の当て字が用いられるようになったと思われていた。

ところがこの木札の発見によって、薩摩ではその誕生の初期から「焼酎」の文字が使われ、風雪に耐えて化石のように生き延びてきた言葉だったことが明らかになったのである。

戦乱の時代、激しく争ってきた島津氏と菱刈氏だったが、庶民の生活の中にはともに焼酎が根づいていた。人吉盆地を有する相良氏と親しかった菱刈氏の領地では当然米焼酎が飲まれていたと思われるが、南薩摩でもサツマイモ伝来以前、飲まれていたのは米焼酎だった。

平時にも戦時にも焼酎は変わることなく飲まれ続け、500年近く経った現在、北薩と南薩摩は今でも鹿児島の焼酎どころとして知られる産地になっている。

戦国の世には広く酒が飲まれていた

三州平定がほぼ成就すると日新公は加世田（南さつま市）に居を構え（写真5）、天文14年（1545年）、のちに薩摩藩の経典となり、薩摩の「郷中教育」の中心となる「日新公いろは歌」を作った。このいろは歌は、薩摩の精神的支柱として、歴代の薩摩藩主や幕末の志士たち、維新の英傑へと受け継がれていく。

その中に酒が二首出てくる。

「酒も水流れも酒となるぞかし　ただ情あれ君が言の葉（使いようによって酒はただの水になり、あるいは勇気を奮いたたせる酒にもなる、言葉の使いようも同じだ）」

「酔へる世をさましもやらで盃に　無明の酒を重ぬるは憂し（ただ世を嘆くばかりで、酒におぼれることがあってはいけない）」

酒の功罪を呼んだこの2首には焼酎ではなく酒という言葉が使われている。日新公は戦の前に祝宴を催して士気を高め、よいことを行った者は城内に招いて終日酒宴を開いてねぎらったりしている。

この酒がドブロクだったか、焼酎だったかはわからないが、ただザビエル来日の前から酒が広く飲まれていたことは間違いない。

【写真5】日新公を祀る竹田神社（南さつま市）

【参考文献】

「日本報告」ジョルジェ・アルヴァレス著 岸野久訳（吉川弘文館『日本歴史第３６８号』、１９７９年）
『郡山八幡神社』片牧静江著（八幡神社、１９９０年）
『いろは歌と島津日新公伝』相徳隆著（加世田商工会議所、１９８４年）

第2章

琉球にもかつて芋焼酎が存在した

琉球王府時代、泡盛の製造は首里三箇と呼ばれる3町の焼酎職にのみ許され、王家の御用酒をつくる傍ら営業を行っていた。原料は王家から下賜され、それからできる一定量の泡盛を上納していた。

米9斗に対し泡盛4斗を上納したというから、トンあたり収量300~400リットル、泡盛の度数を40%として計算すると、できた泡盛の50~70%を上納していたことになる。残りが製造人のものになる。

もし、ごまかしがあれば家財没収、あるいは島流しになり、焼酎職という製造免許を持たずに密造するものがあれば斬刑に処せられたので、泡盛造りは命がけの作業だった。

泡盛は王府の貴重な献上品であり、また焼酎職が営業用に回す泡盛も当然高価な酒になる。とても庶民が気軽に飲める代物ではない。

ではいったい、琉球の庶民は何を飲んでいたのだろう。

泡盛は献上品、琉球の大衆酒は芋焼酎だった

このことを教えてくれる貴重な本が1978年(昭和53年)に復刻出版された。『調査研究 琉球泡盛ニ就イテ』と題した本で、原著は1924年(大正13年)の発行。著者の田中愛穂が鹿児島高等農林学校を卒業後、大正12年に沖縄農林学校に化学教諭として赴任し、その間「寸暇を惜しんで、郷土史家の門をたたいたり、首里や那覇の泡盛工場を訪ねたりし

て」まとめた手書きの記録である。この中に「芋酒ニ就イテ」という項目がある。たった1人の調査研究が、埋もれていた歴史をよみがえらせた貴重な記録なので、長くなるが引用してみる。

「芋酒の醸造が本県（沖縄県）に行われてからは泡盛に求め得ざる味、香と原料を安価に得られることと、醸造方法の簡便なることをして、久しからずして本酒は全国を風靡してしまった。芋酒より古く本県に製造されていた泡盛を圧倒する感があった」

「泡盛が上流階級の一部人士の飲料であれば、芋酒は中流以下殆んど全般国民の飲料となっていた」

サツマイモは1605年に中国の閩（ビン）（今の福建省）から沖縄へ伝来している。薩摩への伝来より実に100年も早い。サツマイモの普及とともに芋焼酎が造られたのだろうか。

上流階級の中にも芋焼酎を好んだ人たちがいた。

「琉球政府の役人奉行は相当の高位高官にある身ながら、米焼酎たる泡盛を常用せず、芋酒は泡盛より美味なるとして之を用いてきた」

「某なる村に芋酒の逸品醸造されんと聞けば直ちにその村の長をしてその逸品を上納するよう命じて飲用とするのを習慣としていた。しかもこの上納命令を受けた当人は勿論、村全体も是れを無上の光栄として誇ったという」

泡盛製造には厳しい制約が課されていたが、芋焼酎は課税対象から外れて自由に醸造されていたことがわかる。芋焼酎造りは婦人の仕事で、嫁を迎えるとき最初に発せられる言葉は「彼の女は酒および味噌を巧みに製造し得るや」だった。

「芋酒は酒精分極めて僅少にして、甘味に富み、且つ自由に求め得られしを以って、恰も食事の時の添え物、お茶同様に用いられていた」

いったいどのような味わいだったのだろう。

自家醸造の禁止で葬り去られた琉球の芋焼酎

このように民衆の間で日常の酒として広く飲まれてきた芋焼酎だが、酒税法の適用を受け密造とみなされ、あっという間に葬り去られてしまうことになる。

「斯くの如く上下一般に広く愛好されてきた芋酒も明治41年1月、県内消費の酒にも一様に酒税法の適用を見るようになった結果、自由醸造は厳禁せられ、農家所有の蒸留器は全部撤去されてしまった。当時、官吏が各戸に厳密に点検し、器具の凡てを没収あるいは破壊したために、今では芋酒は勿論之に用いられた器具の片影だにみることができない。かくして永午の間、沖縄一般に常用されていた芋酒はすべて廃滅して終えたのである」

沖縄だけではない。明治後年は焼酎の歴史において特筆すべき激動の時代である。

鹿児島も、大揺れに揺れていた。日露戦争勝利に沸く好景気の中、増産された焼酎は一転過剰生産に陥り、市場は極度に混乱し、税務当局は税収確保に悩まされた。

「斯くては今にして何らかの対策を講じ業界の革新を断行するに非ざれば竟に百年の悔いを胎すの虞あり」（鹿児島税務監督局長・勝正憲）として、免許の取り上げを断行したのである。

本土では明治32年（１８９９年）に自家用酒の製造が禁止され、集落ごとの共同製造場の時代に入っていた。いったん与えた免許を返納させるために、資本力の弱いもの、性行不良のもの、へき地に製造所を持つものなど、強引に免許を返納させた。

あまりの強引さに鹿児島の政界、官界、産業界、マスコミなどが、鹿児島の大正デモクラシーは焼酎から始まったといわれるほどの税務監督局長排斥の大反対運動を繰り広げた。

結局、税務監督局長の排斥には成功するものの、明治43年（１９１０年）から大正元年（１９１２年）にかけて整理は断行された。

だが、沖縄の芋焼酎とは異なり、薩摩の芋焼酎が壊滅することはなかった。琉球芋焼酎の廃滅は、沖縄に正当な酒、泡盛があったことによる悲劇といえるかもしれない。

同じような運命をたどったのが韓国の焼酎である。

日本の統治下にあった韓国には明治42年（１９０９年）、酒税法が適用され製造高に応じ課税されるようになる。その後、伝統的な麯子（キョクシ）焼酎から日本の黒麹焼酎へと転換が図られ、さらに連続式蒸留機による酒精式焼酎が台頭し、李氏朝鮮時代に花開いた家醸酒（カヤンジュ）文化は壊滅してしまった。

沖縄の芋焼酎や韓国伝統酒の廃滅は、風土に根ざした民族の酒が自力で生き残ることの難しさを示す痛ましい事例である。

大陸式で造られていた琉球の芋焼酎

それにしても泡盛を凌駕する勢いで飲まれていた琉球芋焼酎はどのようにして造られていたのだろう。田中愛穂はその実態を詳細に書き残してくれている。

「麹用の原料は、米もみ殻、粟もみ殻、麦もみ殻、豆サヤなどの台所の残り物を混合し、十分に乾燥したのち微粉とした。並行して精白大麦を柔らかく炊きあげておく。この乾燥粉と大麦粥を練り混ぜ、手のひらに直立する硬さに練り固める（図1）。これを竹の簀子か莚筵の上に平たく広げて手のひらで軽く押さえる。これを筵で覆って製麹する。製麹温度は40℃まで上げる」

この製麹(せいきく)法は、泡盛とは全く異なる。泡盛はバラ麹なのに対し、こちらは中国式の餅麹である。殺菌を兼ねて陽干し、また製麹しやすい硬さにするところも中国式である。製麹には約1週間要している。

「3日目頃から菌糸の発育を認め、7～10日で全面にいきわたり、黄白色の胞子をつけ、麹特有の香りを放つ」

生えてくる菌は黒麹ではない。黄白色の胞子、麹特有の香りとなると黄麹だろうか。

「できた麹はザルにとり、日中は陽干し、夜は夜露にあて、さらに日中に陽干しする。こうしてできた麹は堅硬にして脆くなり揉めば容易に微粉にできる」

麹を乾燥して保存することも、中国、あるいは韓国の大陸式製造法である。

【図1】 手のひらに直立する硬さに練り固めた麹

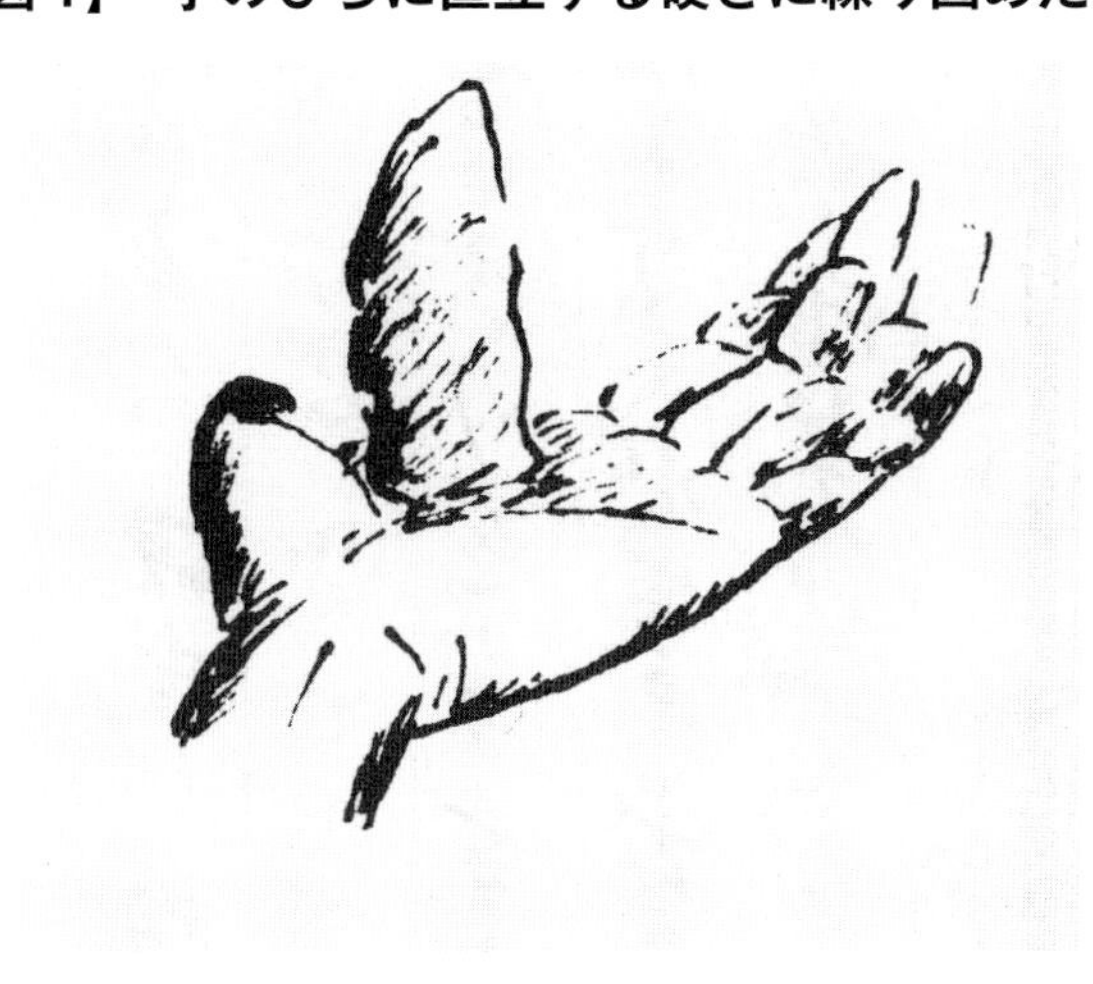

一次仕込はドンブリ仕込法である。

「蒸した甘藷を搗き砕き、麹を混和してさらに搗き砕く。配合割合は甘藷一五斤に対し、麹三升である」

この配合割合は甘藷一五斤に対し、麹歩合50％となり、現在の芋焼酎の20％よりずっと多い。台所の残り物を麹原料としていることから多くなっていると思われるが、工夫のあとを感じさせる。

「混和が終われば発酵槽に移す。二日目の夕方には早くも酒気を感じ、六日目には強いアルコールの刺激を感じる。夏場は六日、冬場は七日程度要する」

この発酵の旺盛な時に糖液を追加して二次仕込を行う。糖液は、黒糖製造に使用した鍋の洗浄液、サトウキビの圧搾汁が一般的で、これらが手に入らない場合は品質の落ちる下等の黒糖液を使うこともある。

「糖液を追加したモロミはシャモジを直立させ、それが倒れない程度の濃さとする」

薄すぎると汚染が急速に進行するので、必要最低限の糖液を追加する知恵が伺われる。

「二次仕込後、三日目で発酵はほぼ終了するが、すぐ蒸留に回せないときは、砂糖と甘藷を練り合わせ、これを醪に投入すれば酸敗を防ぎ蒸留日数を延ばすことができる」

発酵が終了すると酵母の死滅が始まり雑菌が繁殖し酸っぱくなってしまうが、これに再度糖分を補給し発酵を継続させ酸敗を防ぐ巧妙な方法である。

中国と琉球の技術が融合

興味深いのは蒸留器である（図2）。鍋の上に筒状のコシキを乗せ、その上に下部内面が円天井となった冠状冷却器を乗せる。冷却器の上には冷却水が入っているので、円天井内面で凝縮された液は周囲へ流れ落ち、管で外へ垂れ落ちる仕組みになっている。

この蒸留器の形状は泡盛の古式蒸留器の原型を残すもので、実物が存在しないことは誠に残念で、ただ田中愛穂の記録にその形を残すのみである。

この形は薩摩のツブロ式と呼ばれる蒸留器と内部構造が同じで、この絵と全く同様と思われるものが福建省や浙江省にあることがわかってきている。

琉球芋焼酎は中国と琉球の技術の融合の上に成り立っていたものだった。

酒税法の適用は独特の製法の芋焼酎の廃滅だけではなく、沖縄の酒文化そのものを変容させてしまったのかもしれない。琉球王府の消滅は献上品としての古酒（クース）の文化の衰

【図 2】　**琉球芋焼酎の蒸留器**

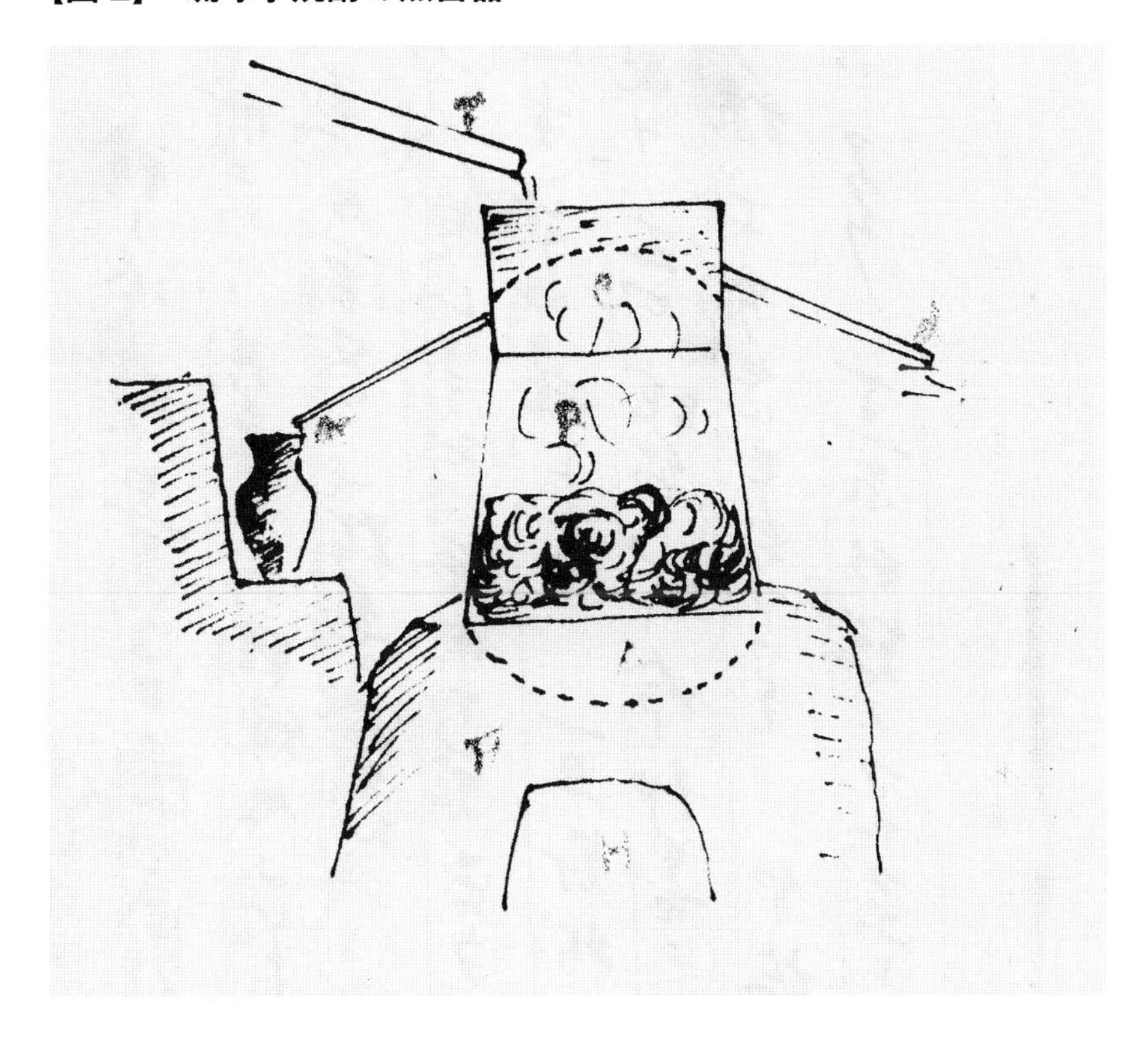

退を招き、明治後年の芋焼酎廃滅により「上流階級の酒・泡盛」と「大衆の酒・芋焼酎」の構図が崩れ、泡盛の大衆化が一気に加速される大きな要因となったと思われる。

【参考文献】

『古酒新酒』坂口謹一郎著（講談社／講談社文庫、1978年）
『泡盛とともに：佐久本政敦自叙伝』佐久本政敦著（瑞泉酒造、1998年）
『調査研究　琉球泡盛ニ就イテ：焼酎麹の原典』田中愛穂著（1924年）（永田社、1978年復刻）

第3章

謎の多い琉球泡盛

泡盛は米麹だけを原料として発酵させたモロミを蒸留して造られる一見単純に思える蒸留酒だが、実に謎の多い酒である。泡盛は王府の厳重な管理のもとに製造されてきたにもかかわらず、王府による泡盛造りに関する資料はほとんど残っていない。

江戸時代には、泡盛は幕府や薩摩への献上品として、また高価な酒や医薬品として珍重され、その大きな特徴はアルコール度数の高さと長期熟成にあった。本稿では昔の泡盛がどのように造られていたのかを考察してみたい。

泡盛の初期の製法は中国式だった

琉球は１３７２年以来、中国と進貢貿易を行っていた。琉球国王は中国皇帝の詔勅（しょうちょく）（公式文書）によって国王に任命され、中国の年号と暦法を用い、定められた時期に方物（ほうぶつ）を朝貢（貢物を献上）していた。その返礼品が非常に厚かったことから、朝貢が貿易として成り立っていたのである。

新しい琉球国王任命のため派遣されたのが冊封使（さくほうし）だ。

そのひとり、明からの冊封使・陳侃（ちんかん）は１５３４年、「王酒を奉じて勧む。清にして烈。シャムより来る。醸（つくりかた）中国の露酒なり」（琉球国王の飲ませてくれた酒は透明できわめて強いもので、もとはシャムから来たようだが、製法は中国の蒸留酒と同じである）と『使琉球録』に記している。

陳侃は泡盛はシャムからもたらされたと記しているが、琉球王朝編纂の『琉球国由来記』には泡盛は中国との交易でもたらされたとある。シャムの蒸留酒も中国伝来なので、泡盛の初期の製法は中国式のものであったことは間違いないと思われる。

しかし、現在の泡盛と中国の白酒の製法はまったく異なっている。

泡盛の麹は蒸した米に麹菌をはやしたバラ麹で、中国は生の粉砕原料を煉瓦状に成形したものにカビをはやした大曲（たいきょく）（曲は麹のこと。レンガ麹ともいう）である。

さらに泡盛は液体発酵なのに対し、中国は固体発酵など、肝心のところが大きく異なっている。

泡盛がもともとが中国式であったとすれば、いったいどこで変わったのだろうか。

江戸時代の泡盛の造り方

昔の泡盛の製法を記した貴重な本に、新井白石の『南島誌』がある。この本は、六代将軍・徳川家宣（いえのぶ）に仕えた政治家であり学者であった白石が、外交上重要な位置にある琉球に注視し、琉球使節団と面談した情報をもとに書き上げたものである。

白石は琉球へ行っていないが、白石の取材力と情報の咀嚼力は『西洋紀聞』に遺憾なく発揮されているので、この『南島誌』の中の泡盛に関する記述も信憑性が高いものと思われる。

「米ヲ蒸シテ麹ヲ和シ、各分剤アリ、須ク水ヲ下スベカラズ、封醸シテ成ル、甑（こしき）ヲ以ッテ蒸シテ其ノ滴露ヲ取ル、泡ノ如キモノヲ甕（カメ）ノ中ニ盛リ、密封七年ニシテ後之ヲ用フ、首里醸ス所ノモノヲ最モ上品ト称ス」

ここで、「米ヲ蒸シテ麹ヲ和シ、各分剤アリ」というのは、蒸米に麹を配合割合に応じて加えるということだが、この文章は「蒸米に別に作っておいた麹を加える」という意味ではないように思う。「蒸米と麹」を混ぜて作るのは、清酒の酒母の原料に相当するものだが、そのあとに水をまったく加えずに発酵させる（「須ク水ヲ下スベカラズ」）と書いている。

日本の常識では、酒造りに水はつきものなので、白石がわざわざ「水ヲ下スベカラズ」と書いたのは、王子を含む琉球使節団の言葉をそのまま書き込んだと思わざるを得ない。

そして「封醸シテ成ル」とある。この文脈を「蒸米と麹を混ぜて、水を加えず、密封して発酵させる」と解釈すると、意味がわからなくなる。つまり、液体発酵であれば、水中に浸出した麹の酵素が蒸米を液化し、順調に発酵できるが、固体発酵の場合は蒸米は蒸米のままで残るので、蒸米を使う意味がない。

となると「米ヲ蒸シテ麹ヲ和シ」とあるのは、蒸米と麹が別々にあるのではなく、蒸米に麹を加えて「米麹」をつくることを意味している。

種麹を使うようになるのはずっと後のことなので、ここでは、前に作っておいた麹を乾燥保存しておき、これを友種として使ったか、あるいは中国で種麹代わりに用いる餅麹（小曲（しょうきょく））を使用していたかが考えられる。とにかく江戸時代も、泡盛は全麹で造られていたことになる。

「水を加えず、密封して発酵させる」という方法は、中国の蒸留酒（白酒）で現在も行われ

【写真1】雲南の白酒モロミ

ている製造法で驚くにあたらない。

水を使わない固体発酵では、表面が空気に触れていると産膜酵母などの好ましくない菌が繁殖し、香味を著しく劣化させるため、必ず密封した状態で発酵させるのが大前提である。

現在の中国白酒の麹は粉砕した生の原料を成型し、これにカビを生やすのが一般的だが、雲南の少数民族は蒸した米を使用している。蒸米（米は籾米）で作ったバラ麹を水を加えずカメの中に入れ、上部を芭蕉の葉っぱで密封し、発酵させ（写真1）、これを蒸留してアルコール分50度を超える高濃度の焼酎（白酒）を作っている（第三部第4章参照）。

泡盛の「往古の蒸留器」は福建省に同タイプが現存する

次はこの固体モロミをどういう方法で蒸留していたかが気になる。白石も「甑ヲ以ッテ蒸シテ其ノ滴露ヲ取ル」としか書いていない。

固体モロミには固体モロミ用の蒸留器が必要になる。田中愛穂（ちかお）は『調査研究　琉球泡盛ニ就イテ』の中で現在は見ることのできない「往古の蒸留器」を紹介している（図1）。

それは「平鍋の上に木製円筒甑をおき、その中にモロミを投じ、錫製冠状の蓋兼用の冷却器を装置」したものである。つまり、平鍋の上に円筒形の木製コシキを載せ、その中にモロミを入れ、その上部に蓋を兼ねた冷却器を置く。

冷却器の内部には錫（すず）でできた冠（帽子）状の冷却器が装着され、その上部に冷水を入れて

【図1】往古の蒸留器

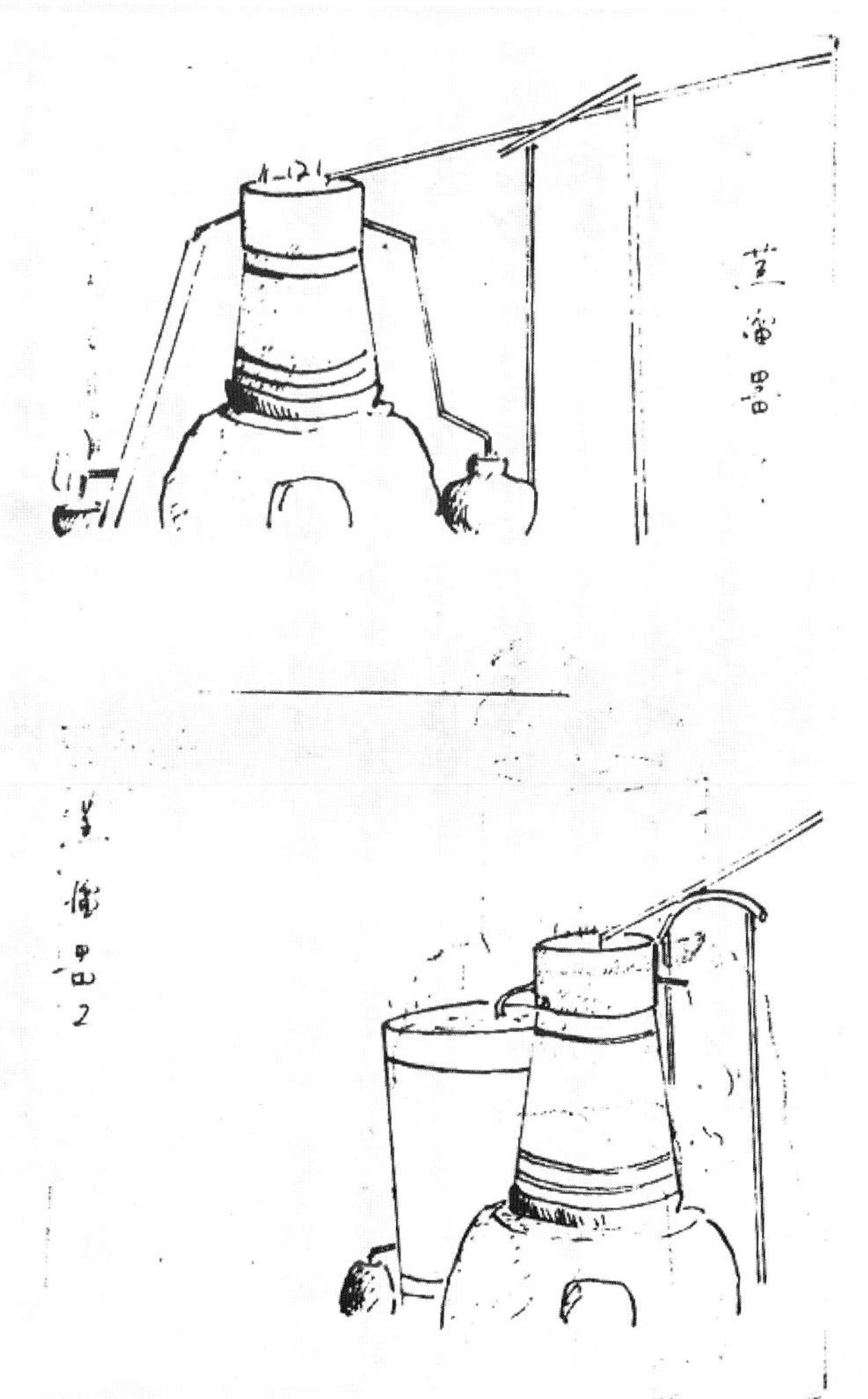

『調査研究　琉球泡盛ニ就イテ』(田中愛穂著)で紹介されている「往古の蒸留器」。平鍋の上に円筒形の木製コシキを載せ、その中にもろみを入れ、上部に蓋を兼ねた冷却器を装置する。

おくと、立ち上ってきた湯気が錫製帽子の内部に上がり、冷却水で凝縮され、錫製帽子の下縁の溝から流れ出るという仕組みである。

この錫製冷却器（ツブロ式蒸留器と呼ばれる）は薩摩では広く使われていたものだが、泡盛の蒸留器はこの中間に木製の円筒コシキが組み込まれているのが特徴である。

今は残念ながら現物が存在しないが、筆者はこれとまったく同じと思われるものを浙江省で見つけた（写真2）。最上部は冠状冷却器が載せられ、中間の木製円筒状コシキの下部には竹で編んだスノコが組み込まれていた。

この蒸留器はモロミを木製円筒の中に入れれば固形部はスノコに残り液部が釜の中に落ち、焦げつくことなく蒸留できる。あるいは固形モロミであれば、釜に水を入れ、簀子の上に固形モロミを入れれば、釜から蒸発した湯気で固形部のアルコールを取り出せる。

この蒸留器とまったく同じと思われるものが泡盛の蒸留に使われていたのである。固体モロミの泡盛があったとしても不思議ではない。

泡盛は今よりずっと高濃度だった

古来、泡盛が珍重されてきたのは、そのアルコール度数の高さにあった。

薩摩も真似をして泡盛造りに挑戦していたようだが、「泡盛酒は琉球の名産にて薩州にても造るも杯上に盛り上ぐること少なく、床上にこぼれて板敷を貫き通すようなることも琉球

【写真 2】浙江省で見た蒸留器
最上部は冠状冷却器が載せられ、中間の木製円筒状コシキの下部には竹で編んだ簀子（スノコ）が組み込まれている。

には及ばず」（『責而者草（せめてはぐさ）』）と、本来の泡盛のアルコール度数の高さは実現できなかったようである。

明治10年（1877年）、東大教授アトキンソンが測った泡盛のアルコール分は44度だった。米焼酎の原酒であればこれくらいになるのでそう驚くほどではないが、明治中期になっても芋焼酎に慣れていた薩摩では泡盛は次のように思われていた。

「泡盛は大なる甕に入れ周囲を縄にて隙間なく纏ひ琉球より送り来る。之を売り出すまでは数年間土中に埋め置くと云ふ。酒精最も強く多く之を飲みたる時煙草を吸へば口中火を呼ぶよし。又或時之に酔ひて手に蝋燭を取りたるに、その火風に靡きて手に移り全身焦げて死せしものありと云ふ」（『薩摩見聞記』）

琉球王家では古酒（クース）を飲むときは親指大の小さな杯で一杯だけ飲むのが礼儀だったというから、幕府や薩摩へ献上した泡盛はもっと度数が高かったのかもしれない。

泡盛のアルコール度数を高める方法として3つが考えられる。ひとつは初留（ハナ垂れ）だけを集める方法。2つ目は再留。もうひとつが固体発酵である。

固体発酵のモロミは水分が少ないので容易に高濃度のアルコールを得ることができるが、明治24年生まれの宮城文は『八重山生活誌』のなかで米5升のモロミを蒸留して最初の1升（留出液の約10％）までを花酒、2升までをアームリ（泡盛）、3升までをチトゥリ、そのあと4升までを下酒（ギーザキ）と呼び、これは酢の原料となったと書いていることから、明治の頃の泡盛は初留、中留を集めて高濃度のものを造っていたようである。

だが、新井白石の『南島誌』は固体発酵の可能性を強く示唆している。黒麹の伝来もいまだ謎のまま、王府に記録がないのも、また薩摩の支配下にありながら薩摩に伝わらなかったのも不思議である。

とかく泡盛はロマンをかきたてる酒である。酒税法上、泡盛ではなくスピリッツになったとしても、ロマンついでに固体発酵の泡盛を飲んでみたいものである。銘柄は〈泡盛浪漫南島誌〉はどうだろう。

【参考文献】

『泡盛の文化誌』萩尾俊章著（ボーダーインク、２００５年）
『新井白石　南島誌　現代語訳』原田禹雄訳注（榕樹社、１９９６年）
『古酒新酒』坂口謹一郎著（講談社／講談社文庫、１９７８年）
『調査研究　琉球泡盛ニ就イテ：焼酎麹の原典』田中愛穂著（１９２４年）（永田社、１９７８年復刻）

第4章

肥後の赤酒・球磨の米焼酎

焼酎の最も古い記録は天文15年（１５４６年）、当時南薩摩に滞在していたポルトガル商人ジョルジェ・アルバレスがフランシスコ・ザビエルに書き送った書簡で、この中に「米」焼酎が飲まれていたことが記されている。

当時、サツマイモはまだ日本列島に伝来していない。米焼酎は５００年の歴史を持っているが、焼酎の産地である南九州の米の酒といえば、薩摩の地酒、肥後の赤酒、球磨の米焼酎が有名である。

現在、肥後の赤酒は正月のお屠蘇として飲まれ、薩摩の赤酒は調理酒として使われることが多く、酒の本流からは消えた感があるが、歴史的には重要な役割を担ってきた。

また、同じ米どころの熊本県にありながら、米焼酎は人吉球磨地域、他は清酒圏である。どうしてこのようなことになったのだろう。本稿ではこれらの酒の歴史的背景を探ってみたい。

低温発酵の代わりに導入された蒸留技術

これらの米の酒はいずれも清酒造りにその起源を持っている。清酒造りは「米と米麹がいつもセットになっていること」「黄麹菌を使うこと」「低温下で発酵させること」が特徴で、「米」のために開発されたものである。その酒質は精米技術、冷却技術の発達により磨きがかけられてきたが、この３つの基本特徴は変わることなく現在まで続いている。

このうち、温暖な南九州では低温発酵は期待できない。そこで、「米と米麹がセット」「黄麹を使う」、そして低温発酵の代わりに「蒸留」技術が導入され、米焼酎の製造へつながったと考えられる。

江戸時代中期、薩摩を旅した京都の医者、橘南谿はその著『西遊記』の中に、「彼国にてたまたま造る酒は、甚だ下品にして飲難し。夫ゆえに此焼酒を多く用ゆる事なり」と記している。南国薩摩で造る清酒は京都の清酒とは似ても似つかぬもので飲みにくく、だから焼酎を多く飲んでいるのだという。

江戸時代における薩摩の焼酎造り

では、この当時の焼酎はどのようにして造られていたのだろう。

清酒では「米と麹米をセット」にして、酛、添、仲、留と順次拡大していくが、昔の米焼酎の仕込みは、この最初の酛（酒母ともいう）の段階のみであった。つまり、蒸した米と米麹と水を一緒に入れて発酵させ（これをドンブリ仕込みと呼ぶ）、これを蒸留して米焼酎を造っていた。

麹は清酒と同じ黄麹菌を使っていた。酵母の存在は当時はまだ知られていなかったが、麹造りの段階で蔵つき酵母が麹のなかに紛れ込んでいた。生酛や山廃酛のように低温下で優良酵母の増殖を促すことはできず、野生酵母を自然の状態で使っていた。

清酒のように微妙な風味を醸し出すことはできなくても、モロミを腐造させることなく、最終的に蒸留によってアルコールを取り出し保存性の高い蒸留酒を得るには、これで十分だったのである。

木灰で腐造を防止した薩摩の地酒

醸造酒も消えたわけではない。温暖な土地の酒造りに導入されたのは木灰を活用する技術である。

清酒造りで恐れられるのは乳酸菌の一種である火落菌である。この菌は20%のアルコール分でも増殖し、清酒の示すpH4・5でよく繁殖し、酒を酸っぱく（腐造）させてしまう。そこで通常は加温して殺菌する方法（火入れ）がとられるが、暖地では良質の酒母を造れなかったので木灰を添加した灰持酒（あくもちざけ）が造られるようになった。

木灰には、苦い酒や酸っぱい酒を直す効果（直し灰）、清澄作用、そしてpHを5以上に上げて火落菌の繁殖を抑える防腐効果や日持ちを良くする効果が知られている。

しかしあまり使いすぎてしまうと灰の臭いがつき、好ましくないものになるので、上質の酒では使用が控えられた。

灰は大阪産の白玉灰か肥後産の松橋灰といって椿、樫等の灰に石灰を混ぜたものが明治の頃使われていた。

灰の加え方も灰そのものを入れたり、灰汁のろ液、あるいは灰に石灰を混ぜたりしたものなど、さまざまな使い方があった。

温暖な薩摩では酸味を灰で中和し、保存性を高めるために木灰を使わざるを得なかったことは容易に推測でき、この地酒（じしゅ、じざけ）が、甘ったるくなく保存性の良い焼酎にとって代わられることは自然のなりゆきだったように思われる。

明治中期の薩摩の地酒は「色赤く味甘く味醂のごときもの」で、「宴会等の節、最初の一、二杯だけ飲むもので、ただ儀式上の用のみに用いられ、下戸には口当たりは良いようだが、酔うと強く頭痛がし長く醒めないもの」（『薩摩見聞記』）だった。

御国酒として赤酒を保護した肥後藩

だが、同じ製法で造られる肥後（熊本）の赤酒は薩摩とは全く異なる道をたどることになった。

赤酒という呼び方は古酒になると赤褐色になることに由来しているが、肥後藩はこの赤酒を「御国酒（みくにしゅ）」として手厚く保護したのである。上方からの清酒、他国の酒、焼酎の移入を禁止し、御国酒の藩外への移出を禁止した（細川重賢（しげかた）の禁令、明和4年／1767年）。肥後中興の名君と言われた細川重賢が藩の財政立て直しのために行った政策で、藩外からの品物の移入を禁止・制限し、産業振興を図ろうとしたのである。

これ以前にもたびたび倹約令や密造禁止令が出されている。酒屋以外の酒造りが厳しく規制されたために、他国の酒が流入し隠し売りされていたことも、背景にあったと思われる。このため、領民が購入できるのは赤酒だけとなり、この禁令の間に赤酒は生活の中に浸透していくことになる。

肥後藩では酒造保手（しゅぞうほて）という酒造株を与えることで酒の製造を統制していたが、江戸時代も後期になると領内のいたるところで酒が製造販売されるようになり、清酒も文政年間（1818〜1830年）には上方から杜氏を呼び寄せ造っていたという。

だが、この清酒は藩外から来た人々や富裕層を対象にしたもので、庶民が飲んでいたのは

【図1】肥後国の大名勢力

【図2】 細川重賢
上方からの清酒、他国の酒、焼酎の移入を禁止し、御国酒（赤酒）の藩外への移出を禁止した
画像／『旺文社百科事典［エポカ］16』

地元の酒屋が造る安価な赤酒だった。

薩摩でも、上級武士は上方の清酒を愛用し、庶民は安価な焼酎を飲んでいた。重賢公の狙いは、清酒とは異なる特徴を持つ赤酒を肥後の特産品にするつもりだったのか、あるいは上質の米は中央市場へ流通させ、それ以外の米を安価な赤酒製造に供したいと考えたのか、興味のあるところである。

とにかく、今でこそ九州の酒どころとして知られる熊本だが、江戸時代、肥後の酒といえば赤酒だった。この禁令は、廃藩置県が実施されたことにより御国酒としての保護が無くなり、旅酒と呼ばれた他国酒の移入が解禁となる明治4年（1871年）まで、実に100年を超えて続いた。

西南戦争で熊本の赤酒が衰退し、相良藩が米焼酎の産地に

熊本で清酒が普及するきっかけになったのは西南戦争であった。

戦乱の中で熊本県の酒造業が大きな被害を受ける中、日本全国から集まった官軍の兵士を癒すために福岡県から大量の清酒が持ち込まれ、熊本の庶民も清酒を知るようになった。それでも明治30年頃までは県内消費の中心は赤酒であったが、明治も後半になると年々清酒の需要が増え赤酒は衰退していくことになる。

一方、現在米焼酎の産地として知られる人吉球磨地方（熊本県南部）は相良藩（さがらはん）に属してい

た。

相良藩は54万石の肥後藩と70万石の薩摩藩に挟まれたわずか2万2000石の小藩であるにもかかわらず、米、球磨川、優秀な家臣団に支えられ、700年もの間相良氏が統治してきた独立国である。

肥後藩とは独立した存在だったために肥後藩の禁令の影響を受けることはなかった。自家用や祭典用の酒の製造は自由・無制限であり、清酒も造っていたが赤酒は造られなかった。焼酎も肥後藩は酒粕を蒸留した粕取り焼酎だったのに対し、相良藩は発酵液を蒸留する醪(もろみ)取焼酎だった等々、独自の道を歩んでいる。

人吉球磨地方が米焼酎の産地になった背景にはいろんな説がある。2万2000石といいながら隠し田が多く実質は優に10万石の実収があり、これをもとに米焼酎を造ったとする説、余剰米を藩外へ搬出するのが地形上困難だったことから米焼酎造りが盛んになったとする説、球磨川の水が硬水で清酒造りには不適だったとする説、などだ。

だが実際は明治8年の球磨地方の記録では、清酒が焼酎より断然多く造られていた。ところが明治40年頃にはほとんど清酒が製造されず、焼酎が主流となっている。

この理由もよくわかっていない。球磨の清酒が、台頭してきた熊本の清酒に押されたためか、当時隣接する鹿児島県で芋焼酎よりも上等とされていた米焼酎に親しむようになったのか、あるいは焼酎製造業近代化の始まる時代に焼酎への転換を意図的に図ったものか。

この時代に焼酎の製造法も変わった。それまでのドンブリ仕込み(一段仕込み)から、より清酒に近い蒸米と米麹を2回に分けて仕込む二段仕込法へと変わっていく。

明治時代は酒造業激動の時期であり、明治後年から大正初年にかけては製造免許の整理が断行された。中には沖縄の芋焼酎のように密造とみなされて廃滅してしまったものもある。

球磨郡の酒造業者は明治34年（１９０１年）に２１６あった蔵元が明治44年（１９１１年）には半減し、大正に入るとさらに減少し大正10年（１９２１年）には60になっている。鹿児島に比べるとその影響はまだ少ないが、人吉の酒造業もこの嵐の中で変容を迫られた可能性もある。

酒類の地域性には藩政の影響が残っている

焼酎の地域性は、芋焼酎は鹿児島と宮崎南部の旧薩摩藩、米焼酎は相良藩、泡盛は琉球王国といった具合に藩政時代にルーツをさかのぼるものが多い。

このことは地域性が単に風土によるものではなく、藩政時代の施政方針にも大きな影響を受けて今日に受け継がれてきていることを示している。

肥後の赤酒は他国酒の移入を禁じる中で、肥後藩の庇護のもと御国酒として一時代を築いた。これを覆したのが明治新政府による廃藩置県であった。その後、西南戦争を経て熊本の清酒への道が切り拓かれた。

その一方で、薩摩の地酒は藩の庇護を得ることなく自然の成り行きの中で焼酎の陰に埋もれてしまった。そして相良藩の球磨地方は、肥後藩の影響を受けることなく豊富な米をもとにして清酒や米焼酎を醸し、次第に米焼酎へと重きをおいていき、現在では米どころでありながら清酒を造らないという極めて特殊な地域となっている。

【参考文献】
『肥後の赤酒・薩摩の地酒』蟹江松雄監著（金海堂、１９９６年）
『熊本の「赤酒」、江戸時代の酒造業とその市場』松崎範子（九州マーケティング・アイズVol.45 ２００８年）
『球磨焼酎』球磨焼酎酒造組合編（弦書房、２０１２年）

第5章 焼酎杜氏の誕生

杜氏といえば清酒杜氏を思い浮かべるが、蒸留酒である焼酎にも杜氏がいる。清酒は東北から九州まで幅広く杜氏集団が存在するが、焼酎杜氏は鹿児島県薩摩半島南部の2つの集落に集中している。旧川辺郡笠沙町黒瀬の黒瀬杜氏と、旧日置郡金峰町阿多の阿多杜氏である。現在は広域合併でいずれも南さつま市になっている。

自家醸造禁止後に誕生した焼酎杜氏

杜氏誕生の条件として、季節産業であること、専門の技能が要求され他の出稼ぎに比べて収入が良いこと、業態が産業として成り立っていることが挙げられる。

清酒杜氏は江戸時代、清酒が寒い冬に集中して造られるようになると、雪に閉ざされる農山漁村の生活と酒造りの時期がうまくかみ合い、11月頃から翌年3月頃まで造り酒屋へ出稼ぎに行くようになり、酒造技術集団が形成されていったといわれる。

酒造りの技能が蔵元の経営と直結することから、技能集団の長である杜氏は縁者を連れて集団で酒蔵に入り、それぞれの流儀を伝えていった。

これに比べると焼酎杜氏の歴史は浅い。杜氏の語源で有力なのは主婦の尊称である「刀自」に由来するという説である。家庭で酒を造っていた時代、酒造りは主婦の仕事だった。したがって自家醸造していた時代に技能集団の長としての杜氏は不要だった。杜氏が必要とされるようになるのは、酒の製造販売を生業とする業態が生まれてからのことである。

焼酎の場合、それは明治後年のことであった。明治32年（1899年）に自家用酒の製造が禁止され、集落ごとに製造免許が与えられ、さらに酒税確保のために多すぎる製造免許の整理が断行され、生き残った蔵の競争が激しくなっていく。自家醸造から脱却して製造を専門の技能者にゆだねる時代の到来である。

清酒杜氏集団の形成を促進したのは寒造りの季節性だったが、焼酎杜氏の場合はサツマイモの季節性であった。サツマイモの収穫時期は9月から12月にかけてのせいぜい100日である。蔵元にとってはこの期間だけ季節雇用できる杜氏制度はありがたい。

杜氏にとって、この期間は農閑期である。焼酎杜氏の故郷である阿多、黒瀬は台風常襲地帯であり、お盆前には米を刈り取る早場米の産地。刈り取りが終わってから始まる芋焼酎製造は願ってもない仕事だった。杜氏の故郷は昔から出稼ぎの集落だった（図1）。

黒瀬杜氏と阿多杜氏

薩摩半島西南端は海に沈む夕日の美しさとリアス式海岸の景勝地として知られるところだが、黒瀬集落はこの東シナ海に深く切り込んだ半島の一角にある。平地に乏しく、海とわずかの田畑に生きる人たちは山あいを段々に耕し、男たちは古くから出稼ぎに生活の糧を求めてきた。

出稼ぎの村が焼酎杜氏の里になった背景には、酒造業以外に有利な産業がなかったこと、

【図1】焼酎杜氏の里

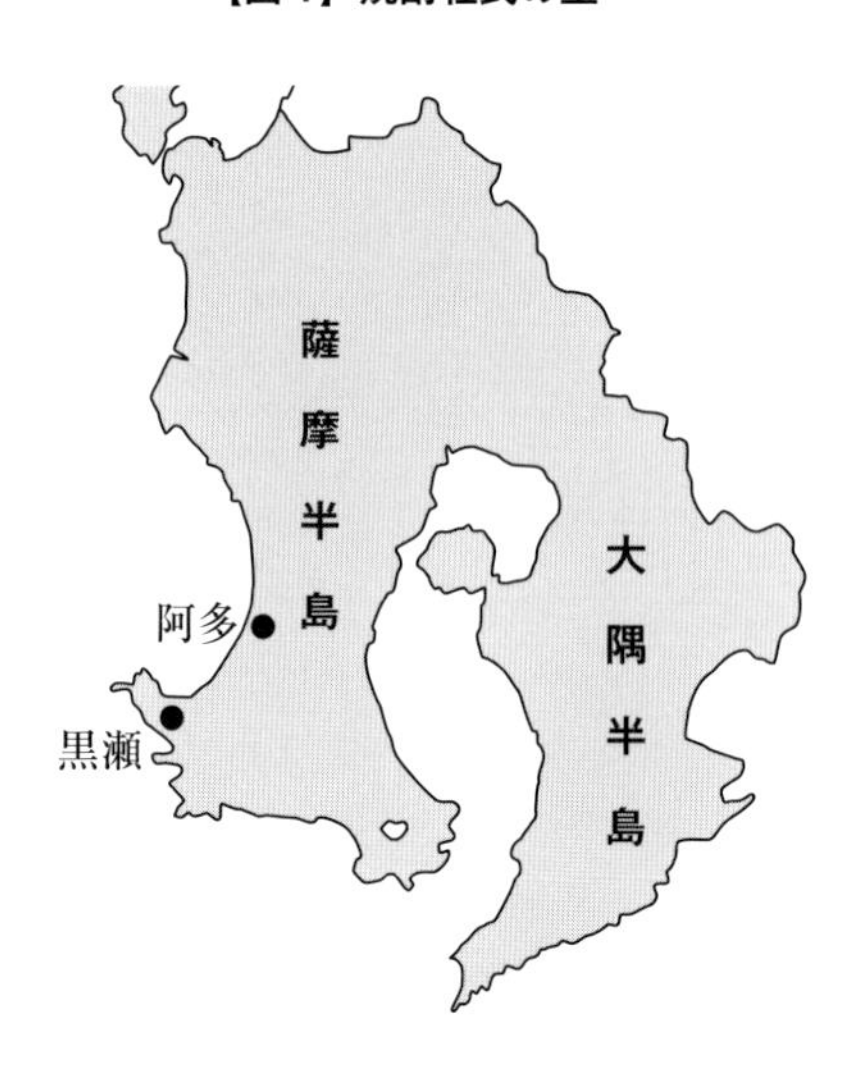

【図2】黒麹菌の芋焼酎への導入

明治34年	乾環:黒麹菌を「Aspergillus luchuensis」と命名
明治36年	二次仕込法初見
明治41年頃	鹿児島県下有力の数氏が黒麹を甘藷焼酎に応用
明治43年	河内源一郎:鹿児島税務監督局技師として赴任。黒麹の合理的甘藷焼酎製造を指導
大正2年	山下筆吉:黒麹が生酸菌であることを発表
大正3年	善田猶蔵:泡盛黒麹菌がクエン酸を作り、生産性、酒質ともに良好として、黄麹菌の代わりに推奨
大正13年	河内源一郎:白麹菌発見
大正8年	鹿児島県下の焼酎製造場から黄麹菌が姿を消し、黒麹菌へ移行

農閑期にできる仕事だったことだけでなく、杜氏の酒造場における厚遇ぶりや発言権の強さが社会的な地位の高さにつながり、当時の序列化社会の中で魅力的な仕事として受け止められていたことがあった。それだけに、杜氏は技術の漏えいの心配のない近親者しか蔵人として引き連れていかなかった。

焼酎杜氏の歴史は１１０年ほどと短いが、それだけに杜氏に関する記録は生々しく残っている。その記録が残っているのは、45年前に杜氏の里がある笠沙高校３年の女子高校生が、初代杜氏の跡を継いだ二代目の杜氏たちに聞き取りを行ってまとめた小冊子のおかげである。

黒瀬杜氏の系譜は地酒系統と泡盛系統に分かれる。地酒系統の初代が片平一、泡盛系統は黒瀬常一と黒瀬巳之吉の二人である。

明治の末頃、鹿児島では清酒と地酒、米焼酎、芋焼酎などが造られていたが、片平一は黄麹を使って地酒造りに従事していた。黒瀬常一は明治35年（１９０２年）、鹿児島の焼酎屋で沖縄の人に焼酎造りを習ったという。杜氏として働き始めるのは明治30年代後半からのことで、このころが黒瀬杜氏の始まりである。

阿多杜氏も大正初期には黒麹と黄麹の両方で焼酎を造っていた。この頃地酒や米焼酎は黄麹を用い、芋焼酎は黄麹から黒麹への転換期にあった。

初代の杜氏たちが活躍する時代は焼酎造りが大きく変わろうとする時代だった。

麹の技術革新、黄麹から黒麹へ

当時、米焼酎が黄麹を用いたドンブリ仕込法で比較的安全に製造できるのに対し、微生物に汚染され腐造しやすい芋焼酎は、その臭気と効率（収得量）の悪さが大きな課題となっていた。

明治36年（1903年）から明治末年までは、その課題を克服するための試行の時代で、その過程で現在に至る二次仕込法が開発されることになる。また黄麹に代わってクエン酸を造る黒麹菌が導入されはじめるのもこの時代である。この技術革新の背景には国の税務監督局の技師たちが大きく貢献している（図2）。

明治34年（1901年）には、泡盛の製造工程を調査した乾環（いぬいたまき）が黒麹菌を「アスペルギルス・ルチューエンシス（Aspergillus luchuensis）」と命名し、明治41年には鹿児島の芋焼酎で使われるようになる。大正に入ると黒麹菌がクエン酸を作ることが明らかになり、生産性、酒質ともに良好として黄麹にとって代わるようになる。

黒麹菌は鹿児島税務監督局技師として赴任した河内源一郎や鹿児島県工業試験場の技師・神戸健輔の指導により急速に普及していった。

黒い胞子が舞い飛ぶ黒麹で芋焼酎を造る杜氏

この普及を現場で担ったのが焼酎杜氏である。黒麹への転換は、単に種麹を黄麹から黒麹に代えればいいというものではない。黄麹と黒麹ではその作り方が全く異なるのである。黒麹にクエン酸を作らせるには、黄麹とは異なる特有の温度経過を取らなければならない。清酒では、「1麹、2酛、3造り」と呼ばれるが、焼酎にとっても麹づくり（製麹）が最も大切な工程であったのである。

この頃、麹には白米は使用されず、玄米が使われていた。玄米の麹は破精（麹の喰いこみ）が悪く表面だけで増殖し、いたずらに胞子（分生子）だけが増え、種麹のような状態になりやすい。黒麹菌による製麹はもうもうと黒い胞子が舞い飛ぶ中での作業となり、作業環境も良くはなかった。

もともと黒麹は沖縄の泡盛で使われていたものだが、泡盛は米麹だけで造られる焼酎であり、黒麹は米麹のデンプンを糖化するだけの酵素力があれば十分で、あまり麹を破精させる必要がない。

これに比べ、芋焼酎では麹の5倍のサツマイモの糖化も行わなければならないので、麹の酵素力を高めるために時には1週間もかけて製麹するために、黒い胞子が飛び散る結果となってしまうのである。

黒瀬杜氏は沖縄の技手に習ったこともあってか、黒麹への抵抗はなかったものの、黄麹を

【図3】焼酎仕込方法の変遷

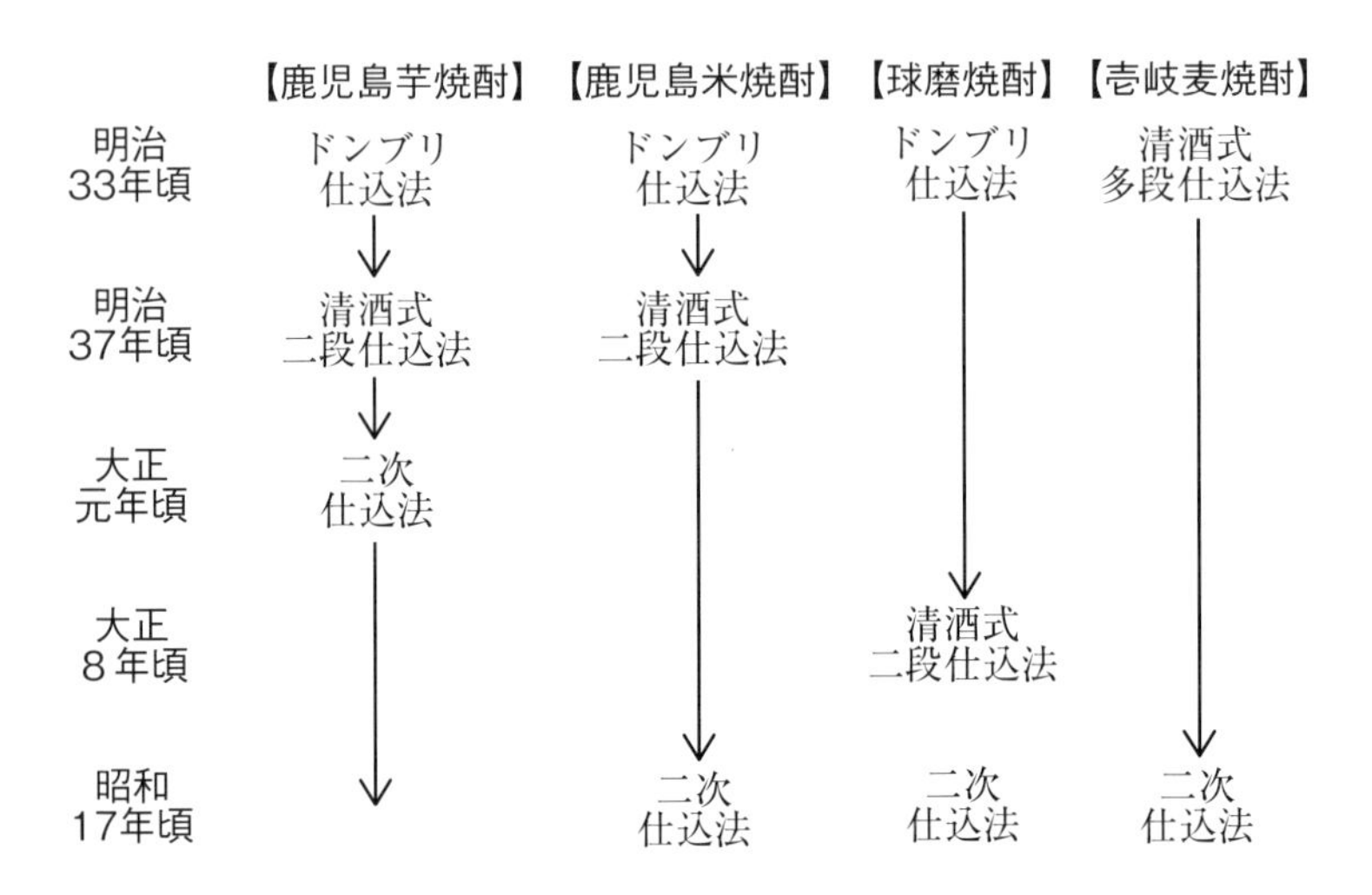

用いる米焼酎が得意な阿多杜氏は体中が真っ黒になってしまう黒麹をあまり使いたがらず、使い始めたのは、戦時中米が不足して黒麹を使う芋焼酎が多くなってからのことだったという。

白麹菌の誕生

この黒麹はその後、河内源一郎が見つけた同じくクエン酸を作る白麹菌に代わることになる。そして製麹機の性能が向上した現在、また黒麹が復活して、白麹も黒麹も使われる状況になっている。

黒麹による二次仕込法は大正元年以降、芋焼酎で普及、定着したが、面白いことに同じ蔵でも米焼酎は黄麹によるドンブリ仕込みが延々と続いている。

黒麹も二次仕込法も、もともとは芋焼酎のために開発されたものだったが、昭和17年（1942年）頃には全国に普及していく。これはおそらく税務当局の指導によるものと思われる（図3）。

焼酎杜氏組合員数が最も多かったのは昭和35〜38年（1960〜1963年）頃で、黒瀬で370人ほど、阿多が130人ほど、合わせて500人もの杜氏たちが九州全域の焼酎づくりを支えていた。

【写真 1】杜氏による後継者の指導

だがこの頃から機械化が進んで杜氏たちの労力が軽減していき、市場は拡大していったにもかかわらず、杜氏、蔵子の数が激減していく結果となった。
焼酎の技術と文化の担い手でもあった焼酎杜氏は今や数えるほどしかいない。経験に支えられた技能を学ぶのは容易なことではない。今、数少なくなった杜氏たちは若い後継者育成の立場にある（写真１）。

【参考文献】
『南のくにの焼酎文化』豊田謙二著（高城書房、２００５年）
『酒造りの匠たち』菅間誠之助著（柴田書店、１９８７年）
『笠沙町郷土誌編さん資料集18・黒瀬杜氏について』笠沙高校3年A組著

第6章

密造の時代

戦後の混乱期、それは闇市場に頼らなければ生きていけない時代だった。食糧確保のための酒造原料不足と密造対策のために国はさまざまな施策を打ち出すが、その対応はその後の日本の酒のありように大きな影響を与えた。その経緯を主に、麻井宇介著『酒・戦後・青春』（醸造産業新聞社）を参考に、紹介したい。

戦中から戦後にかけて相次いだ酒税法改正

第二次世界大戦における日本の敗色が濃厚となっていく昭和19年（1944年）4月、酒税増徴のために法律改正が行われた。この改正では酒造業界の負担軽減のため明治以来の造石税（製造した段階で課税）が廃止され、庫出税（出荷時に課税）となった。

また焼酎の課税基準が30度から25度に変更され、焼酎のアルコール度の主流が25％となる現在の形をつくることになる。

ちなみにビール瓶の容量が633ミリリットルに統一されたのもこの年である。当時、流通していた容量の大きいもののなかで一番容量の小さいものが3合5勺1寸（のちのメートル法で633ミリリットル）だったからだという。

昭和20年代初期は増税が相次いだ。清酒一級を例にとると、改正後予定価格は昭和21年（1946年）9月が40円程度だったものが、昭和22年（1947年）4月には120円程度、同年12月には250円と跳ね上がっている。

そして闇市場への対応のため、加算税を課し、闇価格で自由に販売できる制度もつくっている。およそ３００円程度が加算され、２５０円の一級酒は５５０円で販売されたことになる。

主食糧の配給統制は昭和16年（１９４１年）４月から６大都市で始まっていたが、終戦翌年の昭和21年（１９４６年）５月、大蔵省は食糧確保のための緊急対策として、サツマイモ、大麦、米の酒造工場への搬入を禁止した。酒不足の中、代わりに出回ったのが、失明の危険を伴う密造酒「バクダン」だった。軍用燃料のエチルアルコールやメチルアルコールが闇に流れ、売りさばかれたのである。

朝鮮戦争の特需景気の中、焼酎がバカ売れ

昭和25年（１９５０年）６月に勃発し昭和28年（１９５３年）７月まで続いた朝鮮戦争は、特需景気で戦後の日本経済に活力を与えた。

このころバカ売れしたのが焼酎だった。昭和24・25年（１９４９・１９５０年）の2年間、課税移出数量に占める焼酎の割合はどちらの年も29％強で清酒、ビールを超えて首位の座にあった。

焼酎といっても主体は現在の〈焼酎甲類〉である。米、麦の統制が続く中、昭和24年（１９４９年）12月１日、原料甘藷（サツマイモ）の統制が撤廃された。焼酎だけは切干甘

諸（薄く輪切りにして天日乾燥したサツマイモ）を原料とし連続式蒸留機で精製することによりアルコールの増産が可能だった。戦後の酒不足と食糧統制が、食糧として利用しにくい切干甘藷、冠水芋（水害で水浸しになったイモ）、雑穀などを利用できる焼酎甲類に幸いしたのである。

次に売れたのは清酒の代替需要としての合成清酒と、アルコールに香料で味付けしただけの三級ウイスキーだった。

最も回復が遅れたのが清酒である。昭和24酒造年度には米不足と清酒不足の対策として、国により三倍増醸法による試験醸造が開始され、昭和26年度から実用化されることになる。三級ウイスキーや清酒の三倍増醸酒が造られても、陰の主役は焼酎だった。

九州で造られた密造酒は焼酎

市場では依然として密造酒が横行していた。昭和22年（１９４７年）度の酒の配給は年間一人１・４本だったというからこれで満足できるはずがない。同年には、「飲食営業緊急措置令」が公布され、酒を公然と飲める場所もなくなった（昭和24年5月に再開）。

表１は終戦後の酒の消費の中に占める密造酒の割合を示したものだが、昭和21年度から25年度までは密造酒が半分以上を占めているから驚かされる。昭和23年（１９４８年）度には実に酒類消費の３分の２にあたる66％が密造酒である。

戦後、密造部落として有名だったのは川崎と尼崎であった。この密造酒はドブロクであったと思われているが、九州においては芋焼酎だったようである。敗戦により、引き揚げ船で朝鮮から父の出身地福岡の八女に帰国し中学時代を過ごした五木寛之少年は「父の仕事を手伝って、山の中でサツマイモから芋焼酎の密造」をしていたと記している（『わが人生の歌語り 昭和の哀歌』角川文庫）。

九州の密造の一大産地は宮崎であった。沖縄や奄美からの移住者が中心だったという。ち

【表1】酒類総消費量と密造酒

年度		消費数量(A)	密造酒(B)	(B)/(A)
昭和21	1946	733千kℓ	394千kℓ	53.8%
21	1947	844	501	59.4
23	1948	885	586	66.2
24	1949	871	466	53.5
25	1950	1,121	607	54.1
26	1951	1,225	440	35.9
27	1952	1,314	396	30.1
28	1953	1,390	294	21.2
29	1954	1,636	244	15.9
30	1955	1,544	223	14.4

出典:「酒類業界の昭和史」／『酒販ニュース』(1989年3月11日)

なみに沖縄や奄美は終戦後米軍の統治下にあり、命からがら海を越えて宮崎にやってきた人たちだと思われる。当時は「税務署や警察が取り締まりに来れば、集落の人々はトラックのタイヤに釘を刺したり、し尿をかけたりして反発。もう一種の戦争だった」（『朝日新聞』平成28年5月16日／清永博助氏談）。

筆者が、摘発にあたった元税務署員から直接聞いた話は次のようであった。「畑にドラム缶を埋め、その中で芋焼酎モロミを発酵させて、上には鉄の蓋を被せ、その上に草などを置いて分からないようにしていた。蒸留は台所のかまどで行っていた。出来上がった焼酎は氷枕に入れて夜行列車で博多へ売りに行っていた。途中で警察の手入れが入ると網棚に置いたまま逃げた」。

税務署も摘発に行くときはよくわかっていて「鉄の棒を持って畑をつつきながらドラム缶を探し回った」。「集落の入り口には見張り役がいて、署員を見つけると家の中で飲ませ食わせして時間を稼ぎ、その間にドラム缶のもろみを便所に放り込んだ」こともあったという。モロミを見つけると税務署はそれを焼酎屋に持っていき、蒸留させた。古い黒瀬杜氏もその頃のことを対談で話してくれた。

「終戦当時、密造がありました」。「白いドブロクのマッカリをな」。こちらは朝鮮人によるものだろうか。「税務署が押収して、そのもろみをトラックで焼酎屋に持ってきて蒸留させよった」。「蒸留からの経費が要るってだけですよ。その頃は味をどうもこうも言わんときですから」（『酒つくりの匠たち』菅間誠之助著 柴田書店）

写真1・写真2は、その当時、宮崎の密造で使われていた蒸留器である。羽釜（はがま）（飯炊き

【写真1】宮崎の密造で使われていた蒸留器（薩摩酒造明治蔵所蔵）

【写真2】冷却器内部

釜）の中にモロミを入れ、かまどで蒸留する。湯気を木桶の中の冷却器に導き凝縮・冷却させるものだが、この冷却器が変わっている。ドーナッツ型になった円筒の内部に蒸気を導き、木桶の水で冷却する。冷却器上部には浮き上がらないように丸い穴を開けてある。他では見たことのない冷却器である。この蒸留器は昭和40年代まで使われていたと聞いた。

密造対策で20度の低価格焼酎の発売を促す

密造に悩まされていた国は昭和24年（１９４９年）５月の酒税法改正で大胆な密造酒対策をとる。この法律は増徴法として上程されているが実態は減税である。

焼酎の酒税は１石５万８５００円から１万９５６０円へ67％も引き下げられ、その効果は課税移出数量３万３０００キロリットルから18万８０００キロリットルへ６倍近い増加となってあらわれた。しかし、依然密造が高い割合を占めているところをみると、なかなか密造を抑えることは難しかったようである。

前述したように、焼酎の課税基準は昭和19年（１９４４年）に30度から25度に変更され、基準アルコール度以下の焼酎は度数に関係なく一律に課税されていた。だが、密造焼酎のアルコール度数がほぼ20度であったことから、特別に20度焼酎に安い酒税を設定し、密造対策としてこの低価格焼酎の発売を促したのである。

その頃の密造焼酎が一升２００円前後であったことから、価格は一升２３０円に設定された。若干高いが、それは品質の違いで対抗できると考えていたようである。だが、甲類焼酎では新酒税法施行直後、猛烈な押し込み合戦があり、たった2カ月で停滞してしまったという。しかし乙類焼酎のほうは宮崎において定着し、現在まで続いている。密造酒の生んだ副産物である。

一方、この年に三倍増醸酒の試験製造が始まった清酒では、昭和18年（１９４３年）に始まった清酒の級別がこの法律で変更された。それまで一、二、三、四の等級に分類されていたのを、その上に特級を置いて酒税の増収が図られた。

増石税から蔵出税へ、焼酎の基準アルコール度数25度、ビール大壜６３３㎖、三倍増醸酒の登場、宮崎の20度焼酎――戦中・戦後に生まれたものを未だ私たちは少なからずひきずっている。

【参考文献】
『酒・戦後・青春〜戦後日本人の飲酒文化変遷〜』麻井宇介著（醸造産業新聞社、２０１５年）
『酒類産業年鑑２０１０』（醸造産業新聞社）
『酒類業界の昭和史』（「酒販ニュース」１９８９年3月11日）
『酒つくりの匠たち』菅間誠之助著（柴田書店、１９８７年）
『わが人生の歌語り〜昭和の哀歌〜』五木寛之著（角川文庫、２０１１年）

第7章

サツマイモ伝来を「企てた」人たち①

中国から琉球へ

「甘藷は主として不作の年の百姓飯米を補ひ、或いは島の流人等が飢えを救うのを以て諸の恩沢の至極と認めていた様だがそれが今日では随分広大な地域に亘って、凶作でもないのに流人でもない人が必ず作り、必ず食ふ農作物と成って居るのである。斯の如き生活上の変化はまさしく大事業である。しかも二百何十年の歳月より他に誰が企てて之を成し遂げたという人も別にいなかったのである。…実際この小さな島国に五千九百万人を盛り得たのは一半は即ちカライモの奇跡である。」（柳田国男著「海南小記」から）

柳田国男はカライモ（蕃藷(ばんしょ)、甘藷(かんしょ)、サツマイモ）が「奇跡の大事業をもたらした」という一方で、「誰が企てて之を成し遂げたという人も別にいなかった」という。本稿では、サツマイモ伝来初期に「企てた」人たちの話を二回にわたって紹介したい。

琉球と中国の交流は濃密だった

蕃藷（以下、サツマイモと記）が中国から琉球へもたらされたのは1605年（慶長10年・江戸時代）のことである。その前、中南米原産のサツマイモがルソン（フィリピン）に伝来したのは1571年、これが陳振龍によって閩(びん)（福建）へ渡ったのが1594年のこととされている。

1605年といえば、蕃藷が中国に伝わってからわずか11年後である。サツマイモがこのように迅速に琉球に伝来した背景には、福州琉球館の存在があったと思われる。

明王朝は1368年から1644年まで、清王朝は1644年から1911年まで続いた王朝だが、この2つの王朝の時代に琉球は王国として認められ、琉球は中国王朝への献上品を入手することを理由に東南アジアとの交易を行うことができた。

この関係は500年余にわたったが、その中国側の窓口となったのが福州琉球館（中国福建省）であった。

福州琉球館は、北京へ出発する琉球役人らの宿泊施設兼執務所や中琉貿易のセンターとしての役割に加えて、中琉文化交流の拠点、情報収集の拠点としての役割も担っており、中国各地の情報を入手することができた。サツマイモに関する情報もそのひとつと考えられる。

琉球と中国の交流は思いのほか濃密だった。明清時代、琉球国はほぼ2年に1回の進貢使の派遣を認められていたので、約300名の人員が福州へ派遣された。また進貢使節団を迎えるための接貢船一隻（150名乗り）の派遣も認められていたので、毎年150名ないし300名の琉球人が福州へ渡っていたことになる。

宿泊中の生活費（食料費・燃料費など）は全部中国側の負担である。さらに、国費留学生が中国の最高学府（国子監）で学ぶことができ、その一切の学費は中国政府の負担であった。福州では私費留学生が中国の先進文化を学んだ。留学生の滞在期間は3年から6年に及び、福州琉球館に滞在して、中国の先進文化や技術を学ぶ機会を与えられたのである。

中国と琉球の関係は、中国王朝の皇帝が使節（冊封使）を派遣して琉球国王を任命するのに応えて、琉球国王も使節（進貢使）を派遣して献上品を進呈し、同時に貿易を許可されるという関係にあったが、琉球進貢船の積載貨物はまず福州琉球館へ運び込まれ、そこで中国商人へ売り渡されるとともに、中国各地で購入した商品も福州琉球館へ持ち込まれて、貿易されることになっていた。

蕃藷を持ち帰った野國総管、琉球中に広めた儀間真常

この進貢船の事務長として水夫を監督する立場にあったのが、１６０５年、中国福建省閩(びん)から琉球へ初めてサツマイモを持ち帰った野國総管(写真１)である。ちなみに彼は北谷間切野國村(現在の沖縄県中頭郡嘉手納町野国)の出身で、総管とは水夫を監督する職名であることから、野國総管とは正確には人名ではない。

明へ渡った野國総管は閩からはじめて鉢植えのむんす芋(サツマイモ)を持ち帰り、郷里の野國村に試植し、ついで野里、砂辺の近隣の村に分配したといわれる。このサツマイモを琉球国全体に広げたのが上級役人の儀間真常である。

儀間真常は琉球王国第二尚氏王統の血筋で、那覇、垣花儀間村(現在の那覇港南岸)の地頭であった。垣花は、進貢船の水主(かこ)や船乗りたちが住んでいたところで、真常は彼らを通じて野國総管が中国から鉢植えのサツマイモを持ち帰った話を聞き、いち早く総管をたずね、苗を貰い受け、栽培法を習い、自分の領地の儀間に植えた。高級役人が一進貢船の事務長に礼をつくして教えを乞うたのである。

田地奉行だった儀間真常はサツマイモの普及に取り組みながら、新しい栽培法を発見する。

【写真1】沖縄県嘉手納町にある野國総管之像

【写真2】野國総管宮
サツマイモを持ち帰り人々を飢えから救った野國総管を祀る(嘉手納町)

野國総管から教わった「カズラを輪にして植えつける」よりも、一尺ほどの長さに切って植えつける「そう芽法」がより早く芋ができることを見出し、農村地域を視察する際には、農民たちに蕃藷の苗を分け与え、自分で見つけ出した栽培方法を指導し、サツマイモの普及に力を尽くした。およそ15年ほどで琉球中に広まったといわれる。また、儀間真常は浄土宗の熱心な信者であり、サツマイモの普及とともに、なむあみだぶつの念仏の教えも琉球全体に広まっていった。

野國総管はサツマイモを持ち帰り人々を飢えから救った功労者として芋大主（ウムウフスー）と呼ばれ尊敬されるようになり、一方、儀間真常は、サツマイモを五穀を補う食料として、あるいは家畜の大切な飼料作物として、その栽培と普及に尽力し、台風と干害のために飢饉の多発する琉球の食糧問題を解決し、琉球王朝の産業の基礎を築いた人物として琉球の五偉人の一人として崇められている。

沖縄の主要産業の基礎を築いた儀間真常

儀間真常の功績はサツマイモだけではない。1605年、野國総管がサツマイモを持ち帰ったのは明の時代で、琉球は尚寧王（しょうねいおう）の時代だった。1609年（慶長14年）、島津の琉球征討の際、琉球王尚寧は捕虜として薩摩へ上国することになるが、このとき儀間真常は勢頭役（警護役）として随行し、薩摩の仮屋留守番を命じられる。

この3年に及ぶ薩摩抑留中の経験が後の活躍の源泉ともなった。

そのひとつが木綿織である。1611年（慶長16年）、儀間真常は鹿児島から木綿（キワタ）の種を携えて帰国し、その栽培法と木綿織の確立に寄与し琉球絣の基礎を築いた。

1623年（元和9年）には、家人を福州（中国福建省）に派遣して製糖法を学ばせ、自家で製造を試みたあと普及に努力するなど琉球名産としての黒糖生産の基礎を築くうえでも貢献した。麻平衡の唐名を持つ儀間真常が中国と太いパイプを持っていたことがうかがわれる。

儀間真常が普及させたサツマイモ、黒糖、木綿織はその後、琉球の主要産業として発展していく。

琉球から薩摩への伝来に100年を要した歴史の謎

さて、琉球へ渡ったサツマイモはその後どうなったのだろう。

意外なことに、サツマイモは中国福建に伝来してわずか11年後に琉球へ伝わっているのに、琉球から薩摩に伝わったのはおよそ100年後のことである。1609年（慶長14年）に薩摩は琉球を支配下におき、薩摩には琉球館（薩摩に駐留する琉球役人の役所で、江戸に向かう琉球使節も使った）があった。そして、琉球には薩摩の武士が常駐していたにもかかわらず、だ。

1611年(慶長16年)、琉球王尚寧は帰薩する薩摩駐留将士へ琉球芋の土産を持たせ、1615年(元和元年)、ウイリアム・アダムスは那覇で見つけた芋を平戸のコックスへ贈っていることから、琉球王府が蕃藷を門外不出としていたわけではなさそうである。

薩摩に滞在していた儀間真常はサツマイモの栽培方法を確立した人だが、薩摩に栽培方法までは教えなかったのだろうか。

儀間真常は、サツマイモとともに浄土宗を普及させたが、琉球に常駐していた薩摩の役人は農民と浄土宗との結びつきを好まず、芋畑までもうさんくさいまなざしで眺め、一指もふれようとしなかった。このことが、琉球から薩摩へのサツマイモ伝来を遅らせた、との説もある(家坂洋子著『薩摩秘史~島津家の名家老　種子島久基伝~』)。

琉球と薩摩は密接な交流があったにもかかわらず、不思議なくらい琉球の文化は薩摩に伝わっていない。おそらく、食糧に余裕が出てくると、サツマイモは芋焼酎に加工されたものと思われる。明治の末年まで庶民の酒として愛飲された琉球の芋焼酎は中国式の造りに近いものだった(第四部第2章　182ページ)。その始まりはわかっていないが、琉球へのサツマイモ伝来が薩摩より100年早いことを思えば、薩摩の芋焼酎よりずっと早くから造られていたものと思われる。

だがその製法は薩摩には伝わらず、薩摩藩を通じて高値に取引されていた泡盛の製法も伝わっていない。不思議なことである。

さて、琉球でのサツマイモ栽培は、持ち帰った野國総管と普及させた儀間真常、2人の功績によるものだった。では薩摩ではどうだったのだろうか。

【参考文献】

『中琉交渉史における福州琉球館の諸相』西里喜行著（琉球大学教育学部紀要、２００６年）

第8章

サツマイモ伝来を「企てた」人たち②

琉球から薩摩へ

薩摩へのサツマイモ伝来には2つの説がある。

ひとつがフィリピンのルソン島から当時交易をしていた薩摩の坊津に直接伝わったとする説で、「此もの（サツマイモ）吾邦に入りしは既に慶元の頃ほひ呂宋等の諸藩より吾藩の唐湊（からのみなと）即ち坊津に互市せし時賚（もたらし）し来（り）し由いひ伝へぬ」（薩摩府学版『成形図説』農事部巻二十　甘藷の條）とある記述に由来する。

薩摩の西南岸に位置する坊津（ぼうのつ）は外国との交易の港であり、慶長元和（げんな）の頃（1600年代初期・江戸時代初期）、呂宋（ルソン、フィリピン）からこの港へサツマイモがもたらされたというものである。当時、海外の地をさしてカラと言っていたので、この港から入ってきた芋（サツマイモ）をカライモと呼んだ。ちなみにルソンには15世紀末にはサツマイモがあったといわれている。

一方、広く知られているのは、南薩摩の頴娃（えい）郡大山村岡児ケ水（おかちょがみず）の漁師、利右衛門が宝永2年（1705年・江戸時代中期）、琉球から芋を持ち帰ったとする説である。1600年代初頭に坊津に伝来したとしても普及するまでには至っていないので、実質的な伝来は利右衛門（利右衛門は前田利右衛門と書かれることが多いが、前田の姓は明治以降につけられたと思われるので本稿では利右衛門とする）の1705年というべきと思われるが、そこには大きな謎がある。

利右衛門は一介の船乗りに過ぎない。それなのにどうして短期間に普及させることができたのだろうか。

前章で書いたように、琉球では、野國総管が中国閩（びん）からサツマイモを持ち帰り、それを普及させたのは高級役人の儀間真常だった。

薩摩で儀間真常の役割を担ったのは誰だったのだろうか。推論を交えて考察してみたい。

飯炊き水夫利右衛門、サツマイモを持ち帰る

慶長14年（1609年）、薩摩が琉球を手に入れて以来、坊津に代わって琉球や奄美との窓口として栄えたのが山川港である。

山川港は2つの性格を持っていた。ひとつは公の貿易で、沖縄・奄美などから砂糖（黒糖）を大阪へ運搬び、沖縄・奄美には日常生活物資を運んでいた。薩摩藩は島の人々を黒糖生産に専念させるため、必要な食料品や日用品はすべて本土から輸送していたのである。

もう一つが、薩摩藩公認ではあるが、幕府が厳禁していた密貿易である。

薩摩藩は鎖国をかいくぐって密貿易を奨励していたので、そこに薩摩藩中枢と密接に直結した富豪海運業者が生まれた。そのひとつが山川の河野（こうの）家であった。

河野家は阿久根（あくね）の河南（かわみなみ）、志布志の中山、指宿（いぶすき）の浜崎とともに、薩摩の富豪海運業者であった。

河野家は、奄美大島、琉球、それに台湾などから穀物、黒砂糖など珍しい品物を鹿児島・大阪へ運び、昆布目当てに北海道まで出かけることもあったという。利右衛門はこの河野家の船の水夫（かこ）で俗にいう飯炊きだったといわれる。食糧調達が任務の利右衛門は琉球

でサツマイモを見つけ持ち帰ったのであろう。

当然、利右衛門にサツマイモを薩摩領内に広めることなどできない。そこには薩摩藩と密接に結びついていた河野家の力が働いたと思わざるを得ない。河野家は、島津の殿様の「御納戸御小人役」であり、藩主への情報提供を可能とする立場にあった。イモ伝来をいち早く藩主に知らせ、普及への許可を取り付けたのは想像に難くない。では薩摩藩側の対応はどうだったのだろうか。

種子島にサツマイモを導入した名家老、種子島久基

宝永2年(1705年)、若年寄として藩政の中枢に種子島久基がいた。父、久時も薩摩藩の国家老であったが、久基は宝永7年(1710年)に父の跡を継ぎ、国家老に昇格し、「稀代の名家老」と呼ばれた人物で、利右衛門が薩摩に持ち帰る7年前に郷里の種子島にサツマイモを導入した人物でもある。

久基は種子島に滞在していた元禄11年(1698年)3月、琉球の尚貞王に頼んで救荒作物として目をつけたサツマイモの苗を一籠送ってもらった。これを、家老西村権左衛門時乗に命じて、種子島の石寺野というところに植えさせ、下石寺の大瀬休左衛門が栽培した(『成形図説』農事部巻二十)。

種子島では本土より7年早くサツマイモの栽培に成功していたのである。2~3年後には

【写真1】種子島久基墓（種子島西之表市、栖林神社）

サツマイモは島内に広まり、酢、糖、餌、羹、粉そして芋焼酎が造られたという（『種子島久基伝』）。だとすれば、種子島は芋焼酎発祥の地ということになる。

現在、種子島の西之表市の海沿いに「日本甘藷栽培初地之碑」が建っている（写真2）。

久基は薩摩藩主・島津綱貴の信望が厚く、綱貴は翌年の元禄12年（1699年）2月、久基を大目付に昇格させている。だが、郷里の種子島でサツマイモの栽培に成功、普及させ、かつ薩摩藩の要職にありながら、藩内にサツマイモの普及を図らなかったのはどうしてだろう。

薩摩でサツマイモの普及が遅れた理由

琉球にサツマイモを広めた儀間真常は熱心な浄土宗の信者であり、サツマイモの普及とともに浄土宗も広まっていった。

一方、薩摩は南無阿弥陀仏を嫌い、弾圧の対象としていた。宗教的偏見のつきまとうサツマイモを容易に普及させるわけにいかなかったのかもしれない。

また、種子島家は薩摩の琉球侵攻以前から琉球王家と親しい関係にあった。大永元年（1521年）、琉球王家は種子島家第14代島主の時尭に好意を示し、毎年1回、琉球と交易を行う特権を与えていた。日本の土豪で、琉球王家から、このように明確な好意を得たのは種子島家だけである（家坂洋子著『薩摩秘史』）。第19代の久基の求めに応じ、琉球王がサツマイモ苗を提供したのもこの友好的な関係があったからであろう。

【写真2】日本甘藷栽培初地之碑
（種子島、西之表市）

【写真3】甘藷翁頌徳碑（徳光神社）

これ以前にも琉球王から薩摩に生芋が贈られたことがある。島津家久による慶長14年（1609年）の琉球征討の際、琉球王尚寧は捕虜として鹿児島まで連れて行かれ、3年の薩摩抑留を経て琉球へ帰る。帰国した尚寧王は薩摩の諸将を王城に招き送別の宴を開き、その席上、琉球芋をあつものにして出し、喜ばれ、帰国の土産に生芋を贈った（『通航一覧』）、というものである。

だが、薩摩の兵士は、サツマイモを食べることはあっても、これを普及させようとはしなかった。利右衛門や久基のように、救荒作物として普及させようという明確な意思を持っていなかったのである。

薩摩から30年で全国に普及したサツマイモ

とにかく、利右衛門の持ち帰った芋は河野家によって薩摩藩へ情報がもたらされ、その時対応したのが種子島久基であったとすれば、久基にとっては、晴れて普及に取りかかれることから、渡りに船だったであろう。

久基はサツマイモの栽培法や用途を熟知し、高温多湿で強い日照を好み、暖地鹿児島での栽培に適し、水稲のように多量の水を必要としない救荒作物としての重要性を見抜いていた。そして、河野家や久基はサツマイモ普及の功績をわがものとせず、利右衛門の功績としたのであろう。

利右衛門が持ち帰ってから27年後の享保17年（１７３２年）の大飢饉に際し、薩摩藩だけはサツマイモのおかげで一人の餓死者も出さずに済んだ。

「享保十七年壬子の際海内大に飢饉し諸州餓莩（餓死者）多し。ひとり本藩ハ甘藷を貯ふるに頼てうゑて死することを免れたり」（『成形図説』）

サツマイモは、九州、関西へと急速に普及し、普及が遅れていた関東では青木敦書（昆陽）の進言が幕府に採用され、江戸ならびにその周辺で試作に着手したのが享保20（１７３５）年のことである。

それにしても、琉球から薩摩に渡るのに１００年を要したのに、薩摩に上陸してから日本各地に普及するのが30年であるから、驚くべき速さである。

利右衛門はやがて「甘藷翁（からいもおんじょ）」と崇められるようになり、現在、南薩摩最南端山川の徳光神社に「玉蔓大御食持命（タマカヅラオオミケモチノミコト）」という神として祀られている（写真3）。

【参考文献】

『薩摩博物学史』上野益三著（島津出版会、１９８２年）
『河野覚兵衛伝　山川港の豪商：鹿児島と奄美・琉球をつないだ男』松下尚明著（あさんてさーな、２００９年）
『薩摩秘史　島津家の名家老種子島久基伝』家坂洋子著（高城書房出版、１９９８年）

第9章

日本最初の石油精製装置は焼酎蒸留器

蒸留器は古来、香料を作る道具として、また錬金術や不老長寿の薬をつくる化学装置として使われてきた歴史を持つ。この蒸留器が飲用としてのアルコールを造る道具となるのは、蒸留器が登場してから1000年以上の時を経てからのことである。

風味を味わう酒の世界ではいまなお伝統技術の世界に重きを置いているが、蒸留技術そのものはめざましい進歩を遂げ、広く活用されるようになった。石油精製もそのひとつである。

今では石油コンビナートに巨大な蒸留塔を見るようになったが、その昔、日本で初めて原油を精製した蒸留器が焼酎の蒸留器だったとしたら、焼酎製造技術が日本近代化の幕開けをつくることに貢献したことになり、いささか痛快な気分になる。

日本初の製油装置は、薩摩のツブロ式と同型だった

日本で最も古い石油の記録は、正安3年（1300年）、新潟県北蒲原郡黒川村で氏神蔵王大権現様の御告げにより掘ったところ石油が湧き出した——というものである。

この石油は著しい臭気を持つことからクソウズ（臭生水）と呼ばれていた。この燃える水は、原油のまま灯火用にすると揮発成分を多く含んでいるので火災を起こしやすく危険で、臭気と油煙がすごかった。

これを蒸留法によって解決したのが、越後西蒲原郡の蘭方医喜斎で、嘉永（1848年～1854年）の初めのことだった。蘭方医はランビキ（蘭引）と呼ばれる小型の蒸留器（図

【図 1】ランビキ

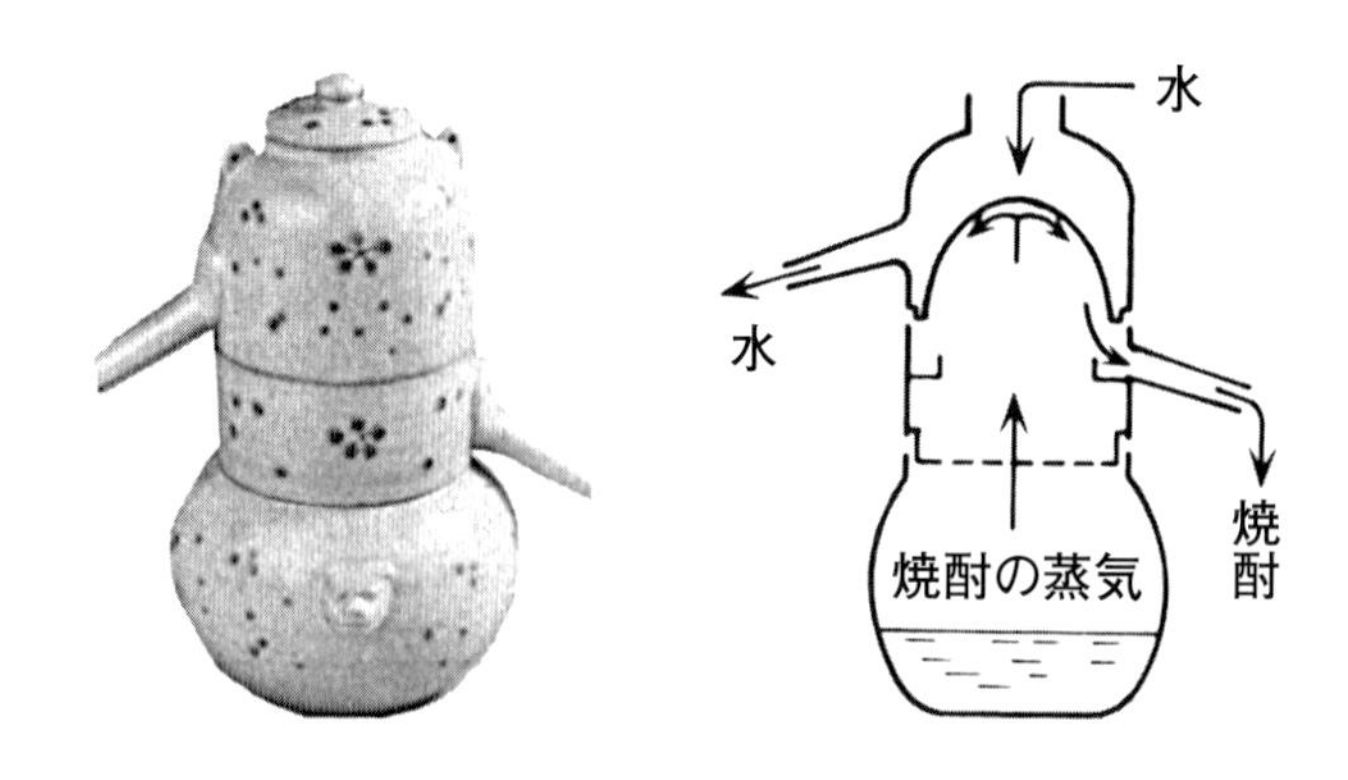

【図 2】日本最初の精油装置（新潟県半田村）

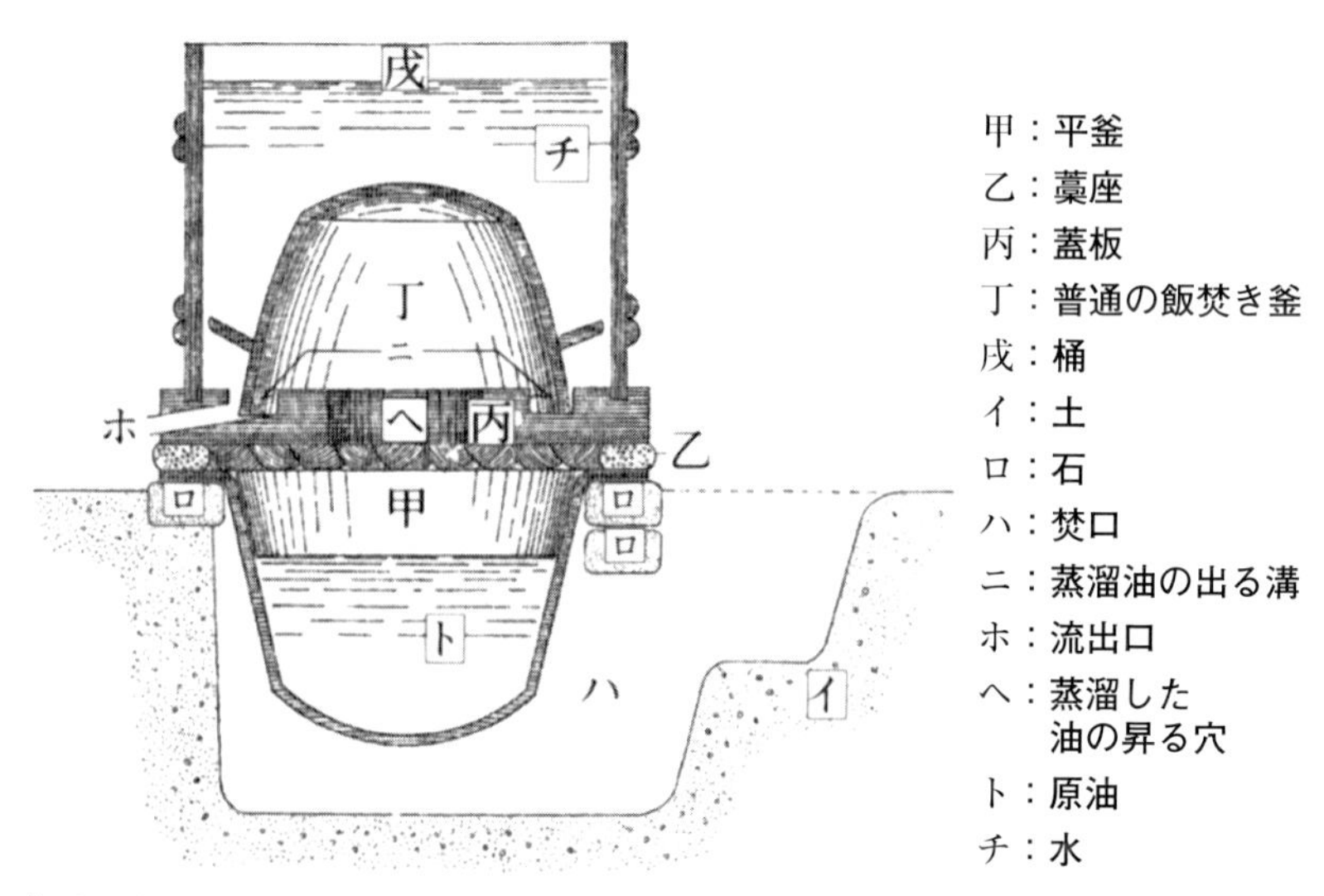

『日本石油誌』1958年刊より転載

1）で漢方薬をつくっていたことから、喜斎はこのランビキで原油を精製したと思われる。原油は蒸留すると沸点の低い順に、LPガス、ガソリン、灯油、軽油、そして重油と分離できる。蒸留によって揮発性の高い灯油区分と重油を分離したのである。

蒸留法によって精製できることを知った越後刈羽郡妙法寺村の西村毅一と半田村の阿部新左衛門とが、「焼酎蒸留法に準じて」灯油の精製に成功し、柏崎郊外半田村に小規模の製油所を建てた。嘉永5年（1852年）4月のことで、日本最初の製油所である。そこで使われた日本最初の精油装置が図2である。その概要を次に記す。

「地を掘り、かまどを作り、その周囲にゴロ石をめぐらし、一方に焚口を設け、それに3斗入りの平釜を設け、さらにその上にコンデンサー（冷却器）を取り付けたものであった。原油は樽詰めで、三里余りの間を毎日牛の背で運び、それを釜の中へ張り込むに当たり、原油3斗（54リットル）に対し、約5升（9リットル）の清水を加えるのを例とした。かくて釜の下で火を焚くに従い、揮発分は、蓋板の穴から、その上に伏せた釜（ふつうの飯焚き用）の内部へとのぼり、やがて外の水に冷却され、釜の内面を伝わり、蓋板の上にある輪形の溝に溜り、一方に設けられた吐口から留出する。その流出油は揮発油成分を多く含んだ灯油であった」

驚くのは、この精油装置が、薩摩の焼酎蒸留に使われていたツブロ式と呼ばれる蒸留器（図3）とうりふたつであることだ。

薩摩の蒸留器は木桶の内部に錫（すず）製の帽子型の冷却器を埋め込んだものだが、この製油所では鍋、釜、そして木板を使って、ツブロ式蒸留器を見事に再現しているのである。

なぜ、遠く離れた新潟に薩摩の焼酎蒸留器が伝わったのだろうか。推論を交えて考察してみたい。

密貿易で結ばれていた薩摩と新潟

薩摩と新潟を結びつけていたのは薩摩の密貿易と富山の薬売りである。

富山の薬売りにとって薩摩に入るには大きな障害があった。薩摩藩は領内の情報が外部に漏れることを極端に嫌い、広いつながりを持つ浄土真宗の信者を徹底的に弾圧していた。真宗門徒と下級武士が結びつく一向一揆を恐れたのである。

一方、富山は真宗王国であった。そこで富山の売薬商人は薩摩に出入りする仲間で「薩摩組」を結成し、「宗門沙汰にかかわらぬこと」と、訪問先で法話を語ることなどを禁ずる条文を盛り込んだ「薩摩組示談定法」をつくり、信用確保に努め、さらに銀や鉛やクマの皮を毎年のように献上した。さらに「薩摩組」は天保3年（1832年）以来、薩摩藩に毎年一万斤（約6トン）もの昆布を献上してきた。

薩摩藩は喉から手が出るほど昆布を欲しがっていた。

幕府が管轄する長崎から中国への輸出は銀が主だったが、1700年代に入ると、フカヒレや干しアワビ、イリコ（干しナマコ）などの俵物や昆布など蝦夷地の海産物に移った。とりわけ昆布は漢方薬の原料として高値で取引された。

海外の情報収集能力に長けていた薩摩は、中国で風土病が蔓延し、ヨードを含む昆布が高値で取引されることを知っていた。富山の売薬商人はご法度の昆布を満載して北海道から鹿児島まで自前の船で危険な航海を繰り返し、薩摩藩はこれを琉球経由で中国へ送り込み、莫大な利益を得ていた。

一方、富山の売薬商人にとっては琉球経由で入荷する漢方薬原料が大きな魅力だった。「大阪商人が独占している薬種問屋よりも、良質の原料が安く入り、薬種は富山の薬業の支えとなった」のである。

この密貿易の舞台になったのが、信濃川の河口に位置し、北前船の一大寄港地だった新潟湊(港)である。

薩摩からの船は中国から独自に仕入れた薬種などの唐物や輪島塗の原料となる朱、陶磁器などを積み下ろし、新潟の回船問屋で唐物を売りさばき、昆布や俵物など輸出用の海産物を入手していた。直接越中に薬種を運ばなかったのは、新潟が薬種の需要がある越中に近く、大市場の江戸に物資を送り込みやすかったことと、富山藩の前田家から幕府に情報が漏れることを恐れたからなどといわれている。

だが、薩摩の密貿易に目を光らせていた幕府は天保6年(1835年)と天保11年(1840年)の2度にわたり抜け荷を摘発し、天保14年(1843年)、幕府は新潟湊を長岡藩から没収して直轄領とした。

薩摩藩は日本海側の取引の拠点を失ったが、薩摩藩はその後も回船業も営んでいた薩摩組に資金を渡し、松前で昆布を買い付け、運搬させた。

焼酎の蒸留器「ツブロ」を模してつくった日本初めての製油所が新潟に設立された嘉永5年（1852年）は、幕府による抜け荷摘発の前年である。

この蒸留器をもたらしたのは薩摩の農村部を知り尽くした富山の売薬商人以外には考えられない。筆者が幼い頃も、紙風船を土産に越中富山の薬売りがトンプクや萬金丹などの薬を売りに来ていたものである。当然、この焼酎蒸留器もよく知っていたものと思われる。

このツブロ式という蒸留器は薩摩藩に特有の蒸留器で、他藩で使用されていたカブト釜式蒸留器（第三部第3章　121ページ図2）とはその構造がまったく異なる。

石油精製装置としてはツブロ式のほうが断然優れている。それは、カブト釜式は蒸発した湯気が木製のコシキに直接触れ油の臭いが吸着し、かつ蒸気漏れが生じやすいのに対し、ツブロ式は湯気の触れるところが底板を除きすべて金属製で、外部に漏れが生じない密閉度が極めて高い構造になっているからだ。冷却水量も多く冷却効率も高い。

【図3】焼酎蒸留器（ツブロ）

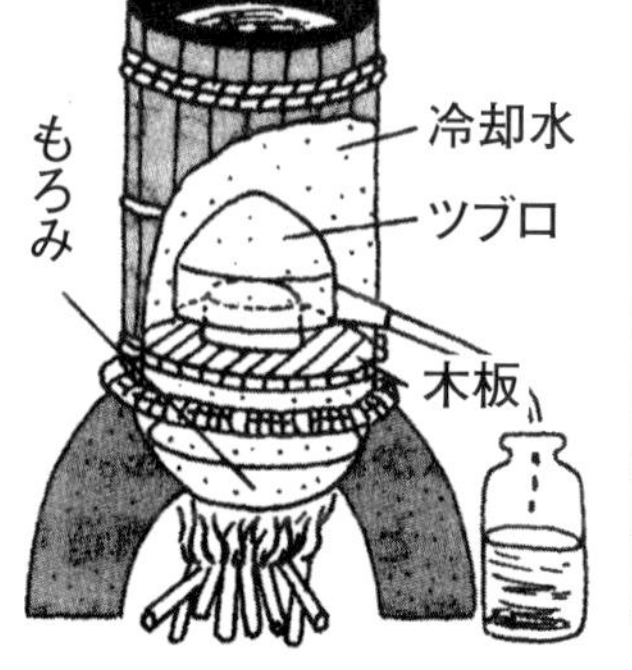

ツブロ式蒸留器のツブロ（図３）と呼ばれるものは薩摩では錫を帽子状に溶接加工したものが使われているが、新潟の精油装置は鍋釜を巧みに組み合わせてつくられている。その工夫には感嘆させられる。

西洋の蒸留技術は錬金術で活用されたが、その材質は金属製である。これに比べ、韓国を除くアジアでは木製のコシキが使われてきた。化学装置としては木材への吸着がない金属製が優れている。その点で、同じ蒸留器でもカブト釜式ではなく、ツブロ式を選んだのは賢明であった。

富山の売薬商人は全国に散らばり、それぞれに「越中組」、「北国組」、「関東組」、「九州組」、「薩摩組」などの「仲間組」を結成していた。このうち薩摩だけで使われていたツブロ式焼酎蒸留器を知っていたのは「薩摩組」しか考えられない。

この石油精製蒸留器は、蒸留器が化学装置としての側面をもっていたことをあらためて思い起こさせてくれた。

【参考文献】
『日本石油史』日本石油株式会社調査課編（日本石油、１９５８年）
『昆布ロードと越中　海の懸け橋』北日本新聞社編集局著（北日本新聞社、２００７年）

第10章

西郷(せご)どんと焼酎

維新の立役者としての西郷さんはよく知られている。薩摩人は親しみを込めて彼を「せごどん」と呼ぶが、明治維新150年の平成30年（2018年）に放映されたNHK大河ドラマのタイトルはずばり「西郷どん」（せごどん）だった。本章では西郷隆盛と焼酎の知られざる関わりについて紹介したい。

西郷、焼酎屋のために規制緩和を画策

西郷さんには逸話が多く、庶民派西郷を彷彿とさせるものが多い。たとえば、大柄な体躯にもかかわらず酒はあまり強くなかったが、宴席では冗談を飛ばす明るい酒だった。義理堅く、世話になれば身の回りの品や書を書いてお礼として差し上げたなど。義理人情に厚く、頼まれれば嫌といえない性分だったようで、知人の就職の世話なども行っている。

その性分を表す書簡が突如、筆者の目の前に現れたことがある。

筆者が焼酎会社に勤務していた時、ある人が西郷さんの書簡とおぼしきものを持ってきた。西郷さんの書はとにかく偽物が多いことで知られる。とりあえずコピーを取らせてもらって、当時、西郷筆跡鑑定の第一人者であった西郷南洲顕彰館の山田尚二館長に鑑定を依頼したところ、久しぶりに発見された本物だという。現代語に訳してもらったところその内容が面白い。いささか長くなるが、読み下し文を紹介する（写真2）。

「暫は鳳眉能わず候えども、弥々以て御安康ござ成され、珍重に存じ奉り候、陳ぶれば、

【写真1】西郷隆盛肖像（キヨソネ画）

居ながらにしての自由の働き、恐れ入り候え共、加世田小松原の市兵衛と旧来焼酎屋職いたし居り候処、近来同郷野町中へ、糀商売一手に御免許相成候故、外々のものは糀相拵え候儀、相叶わず、至極難渋の趣にて、嘆願仕り候間、何卒御採用相成候様、お頼み申し上げくれ候様、頻りに申し述べ候につき、兼て知人のことにござ候処、職業につき難渋の次第、不便の仕合いにござ候間、尚、人差し出し候につき、御直にお聞き取り下され、願い置きいたし候様、御慈計願い奉り候、勿論この節柄、専売の趣法は、決してこれなき訳と存じ奉り候につき、不成り合いながら、書面を以てお願い申し上げ候、尚、拝眉し厚謝奉るべく候。頓首

十二月廿七日　松本良蔵様　要詞　西郷吉之助」

西郷さんが焼酎屋のために規制緩和をお願いしている手紙だったのである。

従来、焼酎屋は自分で麹をつくり、これにサツマイモや米を加えて焼酎を造っていた。ところが明治の新政府になって焼酎用の麹が免許制になってしまったために、焼酎屋は外から麹を買わなければ焼酎を造れなくなってしまった。

市兵衛さんという焼酎屋は困ってしまってかねて知り合いの西郷さんに相談にいったところ、西郷さんが松本良蔵という役人と思われる人に手紙を書いて仲立ちの労をとったものである。

「知人の焼酎屋が焼酎を造れなくなって非常に困っている。直接話を聞いてもらって善処してもらいたい」。そして「この節柄、専売の趣法は決してこれなき訳と存じ奉り候」と所見を述べている。明治の新しい時代になって、専売制という封建的制度はあってはならないことで、撤廃すべきだというのである。その上で、善処していただけたら、西郷さんじきじき

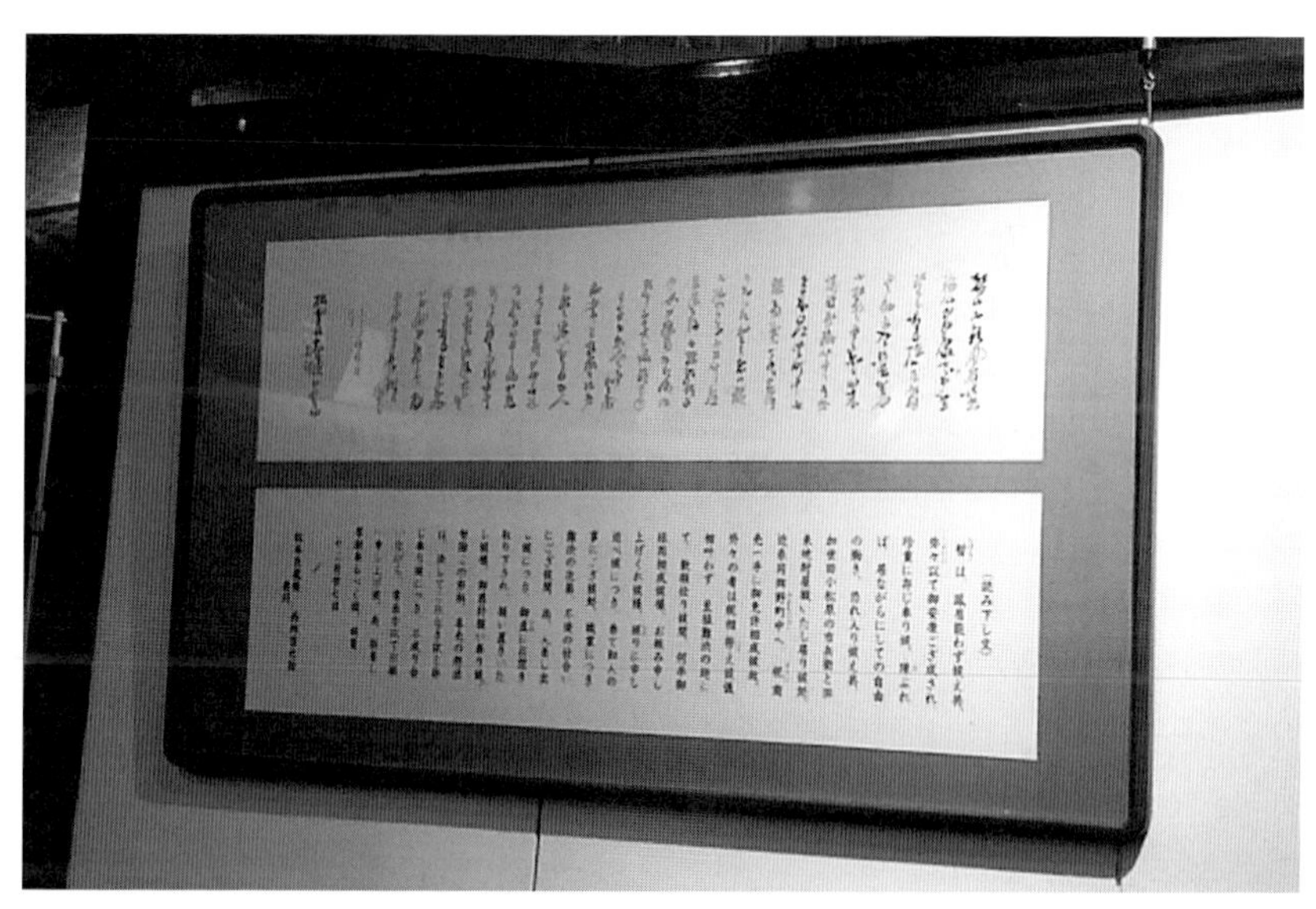

【写真2】西郷書簡（複製） 薩摩酒造明治蔵所蔵

出向いてお礼を申し上げたいと。圧力とも思える文を添えている。

麹にかけられた醤麹（しゅうきく）税の存在

この手紙が書かれた当時の薩摩は西郷王国ともいえる状況にあった。「薩摩見聞記」は当時の様子を次のように記している。「薩摩の維新は明治十年の戦争なりき。…自ら持して政府の命に従わず。…政府遂に之を如何ともするなし。薩摩は全く治外法権の国にして政府のいわゆる内治政策はその境内に入ること能わざるき。」

西南戦争までの薩摩は、西郷の威光を背景に独立国の様相を呈していたのである。その西郷からの依頼であり、無下に断ることもできないので松本良蔵は苦慮したと思われるが、その後、麹の専売がどうなったのか、筆者はずっと気にかかっていた。

というのも、明治時代の製造帳を調べていた時に、製造帳に「買入麹」の欄があり、明治43年（１９１０年）には全量が買入麹で賄われ、大正元年（１９１２年）から自社麹の使用が記録されていたことから、明治末年までこの専売制度は続いていたと思われるからである。どうやら西郷の依頼に応じる前に西南戦争が勃発し、この依頼もうやむやになってしまったのだろうと思っていた。

ところが、明治初期の酒税法を調べていたところ、聞きなれない言葉に遭遇した。「醤麹（しゅうきく）」という言葉である。

明治6年（1873年）4月に「麴麹営業税則」なるものが出されている。税務大学校租税資料室によれば、当時の通達には「麴麹＝もとこうじ」とふりがながあり、蒸米に麹菌を繁殖させたものを指すと考えられ、読み方は「しゅうきく」、もしくは意味をそのままに「もとこうじ」などと読んだようであるとのことだった。明治6年の麴麹税の達しは、秋田辺りで自家用酒（濁酒）を造るとき、酒麴（「さけもと」と読むか）から造るのでは容易ではないので、麴麹屋という酒麴だけを醸造・販売する営業者が多いことから、これに課税したようであるという。この税は清酒や焼酎などの酒類だけではなく醤油麹にも課せられている。

麴麹税の一時廃止に見える西郷の影

政府の命に従わなかった当時の薩摩でも、この明治6年の通達は実施されていたことになるが、実は後述するように西郷が下野したのは明治6年も終わりに近い11月で、正確には治外法権の国だったのはそれから明治10年（1877年）の西南戦争までのこと。麴麹税の通達はその前に行われている。

さらに調べたところ、この麴麹税は明治8年（1875年）に廃止され、そして西南戦争後の明治13年（1880年）に復活していることがわかった。そこには西郷の影が見え隠れしている感がある。

明治6年の麹専売に困った焼酎屋が西郷さんに相談し、西郷さんは専売撤廃の書簡を松本良蔵宛てに送った。それを受けて明治8年にこの規制は撤廃となるが、西郷没後の明治13年に復活し明治末年まで続く、と考えればつじつまが合うのである。この書簡の送り先の松本良蔵がどのような立場の人かは長い間不明であったが、近年、当時の鹿児島県の事務を取り扱う松元良蔵という高級役人の可能性が高いことが判明した。

ただ、朝鮮派遣使節が中止となったことから西郷が職を辞し、下野したのは明治6年11月だが、明治4年（1871年）11月の岩倉使節団出発から明治6年9月の岩倉外交使節団帰国までの間は西郷が主導した留守内閣であった。となると、「醤麹営業税則」は西郷留守内閣の時に立案されたことになる。西郷さんも焼酎屋の陳情を受けて初めて醤麹税の存在を知ったのだろうか。この書簡は12月に出されているので、鹿児島に帰った直後の明治6年12月のものとは思えない。おそらくは明治7年（1874年）のもので、この書簡を受けて翌明治8年に廃止された可能性が高い。

西南戦争は酒造業界にも大きな影響を与えた（第四部第4章　205ページ）。なかでも大きかったのは、成立間もない明治政府にとっての国家財政を圧迫する多額の戦費であり、西南戦争は、明治初年以来、国家財政を担ってきた地租に代わって酒税が重要な歳入源となっていく要因となった。

西郷が危惧した専売制度が、西南戦争によって、皮肉にも専売強化と度重なる酒税増税に拍車をかけることになったのである。「醤麹営業税」は税収難に悩む新政府と新たな国家像を模索する立場のなかで翻弄されてきた歴史ともいえる。

これが撤廃され、自家製麹が普及する明治末年から大正初年にかけては焼酎業近代化の黎明期でもあった（第三部第1章、第四部第5章参照）。

「一麹、二酛、三造り」は清酒で使われる言葉だが、焼酎業界でも例外ではない。焼酎杜氏は口を揃えて麹造りが腕の見せどころだという。

明治末年までは焼酎麹も清酒と同じ黄麹が使われていた。醤麹製造者は黄麹だけで商売ができた。しかしながら、焼酎製造に黒麹が導入されるようになると、黄麹とは異なる麹の製造法が必要となった。そこに自家製麹の必要性が生まれ、技能者としての焼酎杜氏が必要になった。清酒式のどんぶり仕込みから焼酎用の二次仕込み法が開発された時期とも重なる。「醤麹営業税」の廃止は、焼酎が清酒の影響を脱し、一人立ちを始める時期の象徴的な出来事でもあったように思える。

【参考文献】

『敬天愛人　第9号』（財団法人西郷南洲顕彰会、1991年9月24日）
『日本醸造協会誌 1989年84巻第11号』（P746-755）鮫島吉廣著（公益財団法人 日本醸造協会）
『薩摩見聞記』本富安四郎著（東陽堂支店、1898年）
『市来四郎君自叙伝（付録）十三』（鹿児島県史料　忠義公史料　第七巻）

第11章

酒税をめぐる新政府と民衆の争い

―酒からみる「西郷どん」の時代―

幕末から明治にかけて日本は歴史上例をみない激変の時代を経験し、ごく短期間に世界史における「奇跡」と言われるほどの近代化を果たした。その重要な一翼を担ったのが酒税だった。幕藩体制から中央集権国家に移行する過程で何がどのように変革されたのかを、西郷隆盛（西郷どん）の動きを追いながら、たどってみたい。

明治2年6月、版籍奉還

戊辰戦争が終わり、西郷は明治元年（1868年）11月に隠居するつもりで新政府への出仕を辞退し、百姓をしながら日当山温泉（現在の鹿児島県霧島市）に湯治に出かけていた。

西郷不在の明治新政府は、派閥争い、王政復古や戊辰戦争における論功行賞への不満、新政府に不満を持つ者たちの反乱や騒動など困難な問題が山積していた。

当時の新政府の中心にいたのは公家の三条実美、岩倉具視、長州藩の木戸孝允、そして薩摩藩の大久保利通の4人だった。彼らは現状を打開するために西郷呼び戻しを図るが、維新に貢献した薩摩藩の兵士たちは、上級武士が藩政を牛耳っていることに憤慨し、藩の人事刷新を求めるなど混迷した状況にあり、西郷は隠居できるような状況になく、薩摩藩の藩政改革に尽力する立場にあった。また、国父・久光は新政府の施策にことごとく不満で、西郷が新政府に協力することに難色を示していたこともあった。

明治3年（1870年）12月、西郷が上京を決意するのは、岩倉と大久保が天皇の詔書をもって中央への出府を嘆願にきたからである。

すでに明治2年6月、全国の大名から土地と人民を朝廷に返還させる「版籍奉還」が実施されてはいた。しかし、その実態はというと、藩はそのままの形で存続し、「藩主」は「藩知事」と名前を変えただけで領内の運営はそれまでと変わることはなかった。

廃藩置県後の財政逼迫で、酒税が重要な財源に

当時の重要な懸案事項が、実質的に諸大名から土地と人民を新政府に取り上げる「廃藩置県」だった。明治4年（1871年）7月、新政府から「廃藩置県」が発布された。261藩が消えて、3府302県が置かれたのである。

これほどの大事業が大きな混乱がなく達成された背景には、西郷が創設に尽力した薩摩・長州・土佐の三藩からなる御親兵が睨みを利かせていたことがあった。また、藩主にとっては、すべての借金を政府が肩代わりしてくれた上に、藩の米の一割を家禄として保証されたために、旧藩主となっても廃藩置県で損する者はいなかったためともいわれる。

ひとり、激怒したのは薩摩の国父・久光だった。島津藩の軍資金と藩士で新しい明治をつくったのに廃藩とは何事ぞと怒り、西郷と大久保を上意討ちせよと命じたともいわれる。

西郷と大久保は後々まで久光の処遇に悩まされることになる。この旧藩主・士族への家禄支払は国家予算の3分の2に上ったともいわれ、新政府は財源確保に苦慮していた。なにし

ろ、版籍奉還後の年間収入は年貢だけという状態だったのである。そこで目をつけられたのが酒税だった。

明治元年、西郷が鹿児島に帰っているとき、新政府は旧幕時代の「酒造鑑札書替料」として株高100石に対し金20両を課税した。灘五郷だけでも株高50万石として書替料は10万両に上り、政府の重要な財源になるほどだった。

この高額の書替料を酒造家が受け入れた背景には、江戸時代から踏襲してきた「酒造株」を「永世之家督」として、新政権によって営業特権が永久に保障されることを期待してのことだった。

だが、この期待は、廃藩置県断行とともにあえなく裏切られる。

新政府は旧来の酒造鑑札を返納させ、営業自由の原則を打ち出した。新規免許料として金19両、免許料として酒造石高に関係なく一律に酒造人1人につき年金5両の酒税を納めれば、誰でも酒造業を始めることができるように改めたのである。

それにより地方の地主酒造家がその小作米と小作人を雇用して多数輩出してくることとなった。

西郷留守内閣の改革断行。ただし「酒税」には触らず

廃藩置県が実施されてからわずか4カ月後、岩倉具視を全権大使として、木戸孝允、大久

保利通以下100名を超える大使節団が欧米視察に出かける。その留守を預かることになったのが西郷である。

この西郷留守内閣は明治4年（1871年）11月から明治6年（1873年）10月末までの2年弱続くことになるが、この間に西郷留守内閣は、軍備、司法、外交、財政の体制を見事に築き上げた。

武士、農民、職人、商人といった区分けを取り払い、全員が姓名を名乗ることとし、職業の自由、僧侶の妻帯・肉食を許可した。明治4年には初めて小学校教科書を頒布して初等教育を無償化し、全国に小学校と中学校を設置し、全員が学べるようにするなど、そのエネルギーはすさまじいものがあった。

明治初期の主要な改革は、西郷の留守内閣によって成し遂げられたのである。

だが、欧米視察団が帰国すると、西郷は朝鮮への全権大使派遣で対立。全権大使として朝鮮へ渡海することを断念せざるを得なくなった西郷は、明治6年10月、政府に辞表を提出し、鹿児島へと帰ってしまう。

この西郷留守内閣の時代に、酒税に関する重要な法令は出されていない。西郷どんは法律嫌いだったといわれているが、こうした西郷の考えは、麹造りが専売となって困った焼酎屋の依頼を受けて仲立ちした書簡の中に「この節柄、専売の趣法は決してこれなき訳と存じ奉り候」という一文にもみることができる（第四部第10章262ページ）。

酒税が動き始めるのは西郷が下野して以降のことである。

明治8年（1875年）には、酒税が地租に次ぐ重要財源と注目され、「酒類税則」が公布され、酒に2つの税が導入される。

ひとつは酒造営業税で免許に対して課されるもの。もうひとつは醸造税で、売り上げに対して課される従価税である。そして、明治10年代は酒の大幅増税の時代となっていく。

そのきっかけが西南戦争（明治10年、1877年）による多大な戦費であったことは歴史の皮肉といえよう。

地方酒造家の台頭で発展する酒造業に、酒税を大幅増税

地租改正の成果と西南戦争の多大な財政負担による急速なインフレーションの進行により、農産物価格は高騰し、農民経済はうるおい、地方に清酒市場の拡大をもたらした。この農村の好況が地方酒造家の台頭を促して、明治10年代前半期、造石高が急増する。

全国的な酒造業の発展を支えたのは、旧幕時代の特産地たる灘五郷をはじめとする先進地域ではなく、後進地帯に属するきわめて零細な群小酒造家だったのである。

明治10年代は酒類業の全盛時代で、とりわけ明治12年（1879年）には全国の酒造高が500万石に達し、明治期のピークを記録している（表1）。

この発展し続ける酒造業に対して、さらなる酒税の見直しが図られることになる。

明治11年（1878年）、「酒類税則」が改正され、販売過程で課税されていた醸造税について、脱税防止の観点と酒造取締強化の目的で従価税が廃止され、清酒1石につき1円、焼

酎1石に対し1円50銭とする造石税に改められた。

また、それまでは区町村長に委託していた検査に、主任官員（警察官）による検査制を導入し、脱税防止を強化した。

明治13年（１８８０年）になるとインフレに悩まされていた政府は、歳出を抑え、増税によって歳入増を図る緊縮政策に転じた。酒税はこの増税の恰好の対象となり、「酒造税則」が公布された。この法律は明治29年（１８９６年）まで維持され、明治期酒造政策の基本となったものである。

税は酒造免許税と酒類増石税の2本立てで、免許税は10円が30円に、増石税は清酒の場合1円が倍の2円に、蒸留酒は3円になるという大幅な増税だった。

ちなみに蒸留器械、造酒搾り器械には主任官員の封緘（ふうかん）（封をとじる）を受け、使用するときは申し出て開封を請うことになり、後年まで続く封緘制度もこの法律によって定められた。また、酒造業者でないものが自家用に酒類を製造するときは1年に1石まで（複数種を造るときは合算）となっている。

自由民権家・植木枝盛が主導した反酒税闘争

この増税は酒造業者の経営を圧迫することになり、翌明治14年（１８８１年）から全国的な反税闘争が起きる。この運動は、国会開設を要求する自由民権運動と連動して展開された。

明治14年5月、高知県の酒造人約３００人が減税嘆願書を政府に提出するが却下され、運動を自由民権家の植木枝盛に依頼する。

政府の弾圧を受けながら植木は「檄して日本全国の諸君に説く」と酒屋会議への参集を呼びかけた。植木枝盛檄文の趣旨は「①酒税の軽減 ②営業自由の保証 ③重税による自醸と逋税（税のがれ）の弊抑制 ④干渉主義の打破 ⑤清酒を驕奢品とする偏見の是正 ⑥国家財政における負担を営業一般と均等化すべきこと」の6点だった。

酒屋会議に結集した酒屋は、明治4年（１８７１年）の新規営業の自由を機に、後進地帯、ないし中間地帯に属する地方の地主＝酒造家で、彼らは明治10年代の前半期の未曾有の酒造業発展の担い手となった者たちであった。植木らは明治15年（１８８２年）に減税請願の建白書を作成し、元老院に提出する。

ここで政府の増税に対する考えと植木の建白書の考えを紹介する。

政府は「人々が酒を飲むことによって身体を害するものが多く、また世間で広く飲酒の習慣が一般化すると犯罪も増えてくる。そこで酒税を引き上げて酒価が高騰すると、一般に酒に対する消費量が減り、またそれだけ一般の人びとが健康を害することが少なくなり、犯罪も減ってゆく」と増税の意義を強調する。

これに対し、建白書は「政府が酒税を増徴して酒価を高騰させるようなことがあれば、人々は自醸酒を造ってこれに抵抗してゆくようになり、飲酒を抑制する効果はあまり期待できず、しかも自醸酒が増えれば酒造家の造る『精良』の酒とは違って、『粗悪』なものが一般に流布することになり、それは決して健康上からも身体によくないので歓迎すべきことで

【グラフ 1】灘五郷と全国の造石高推移

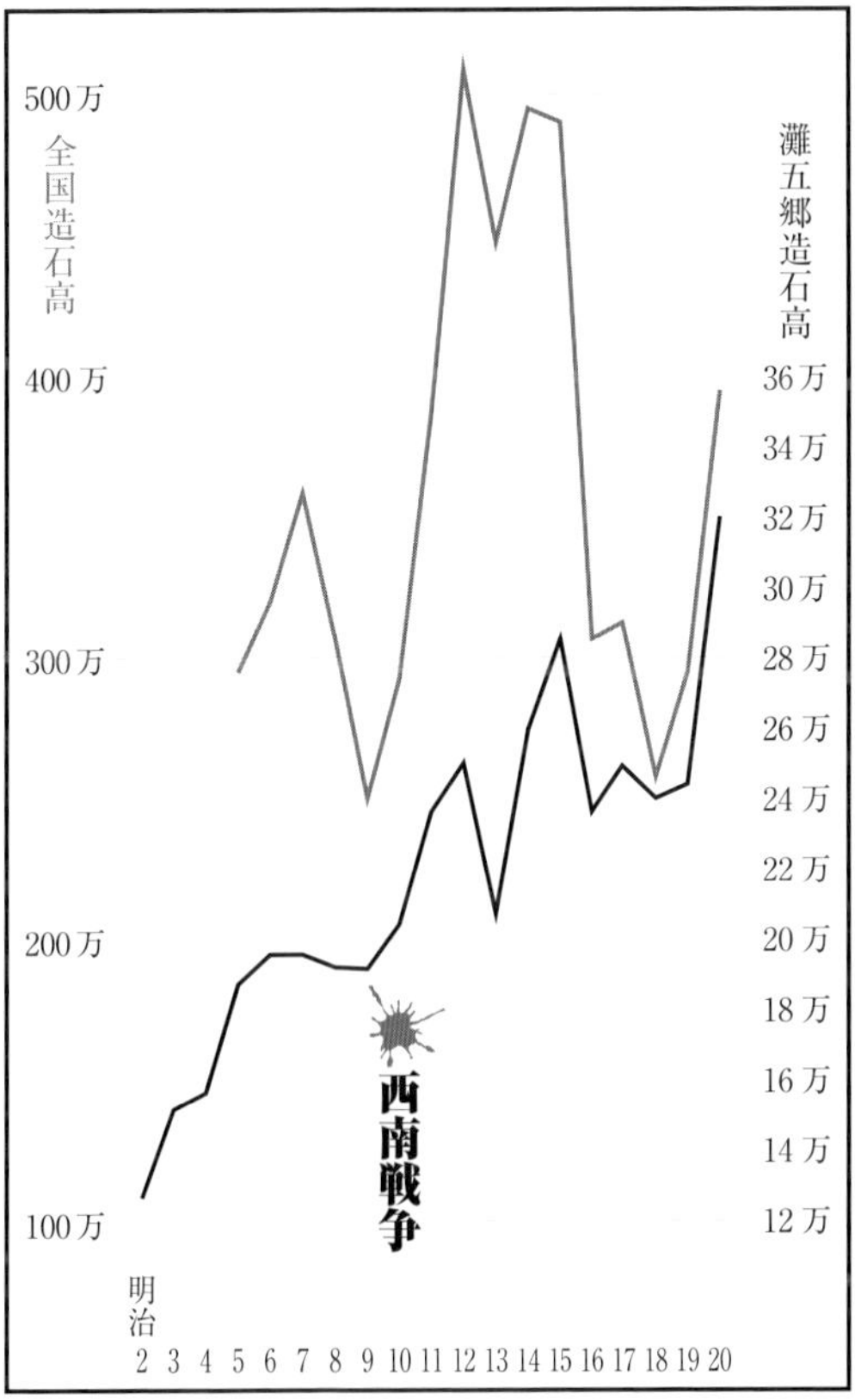

500 万
全国造石高
400 万
300 万
200 万
100 万
灘五郷造石高
36 万
34 万
32 万
30 万
28 万
26 万
24 万
22 万
20 万
18 万
16 万
14 万
12 万
西南戦争
明治
2 3 4 5 6 7 8 9 10 11 12 13 14 15 16 17 18 19 20

【表 1】全国酒造造石高の変遷

	造石高	指数
明治 5	3,266,539	100
6	3,611,713	111
7	3,118,876	95
8	3,002,968	92
9	2,491,793	76
10	2,862,415	88
11	3,851,780	118
12	5,015,227	154
13	4,498,441	138
14	4,893,824	150
15	4,895,463	150
16	3,063,968	94
17	3,131,443	96
18	2,576,381	79
19	2,847,936	87
20	3,805,198	117
21	3,654,373	112
22	3,031,278	93
23	3,345,060	102

表 1 の出典：長倉保『明治十年代における酒造業の動向』(夏目文雄『日本酒税法史』から転載)
注：指数＝明治 5 年を 100 の場合の指数に著者変更
グラフ 1 の出典：柚木学『酒造りの歴史』(夏目文雄『日本酒税法史』から転載)

はない」(柚木学「政治と酒」)と応えている。
いつの時代も変わらない理屈の応酬のように思える。

日清から日露へ軍備拡張の中、またしても酒税を狙い撃ち

政府はこの反税運動に対し、明治16年(1883年)、「酒造税則」を改正し、既存の酒造業者を保護する下記の見返り策を提示して、鎮静化を図った。

①造石高の制限(清酒は下限を100石、その他は5石とする)②新規開業は既存業者5名以上の承認を必要とする③自家用酒も課税対象とする——。

さらに、免許税は30円と変わらないものの、増石税は清酒の場合2円が倍の4円に、蒸留酒は3円が5円に増税となった。

清酒に100石の造石下限を設けたのは、将来再び小製造業者が続出するのを未然に防止するとともに、大手酒造業者に確固たる恒久的な法的保証を与えようとしたものであった。

酒税の引き上げと零細規模経営の否定は、明治10年代前半に台頭してきた零細な地方酒造家に大打撃を与え、酒造業者の倒産・廃業が続出し、全国酒造業は急激に衰退していった(グラフ1)。植木枝盛の反税闘争が裏目に出た形である。

酒屋会議後の酒造業は、①酒税の過重②自家用酒の跋扈(ばっこ)③世上の不振④西洋酒輸入の増加⑤模造西洋酒の無税——により、後退期に入っていく。

明治29年（１８９６年）には「酒造税法」が制定される。日清戦争には勝利したものの、政府はロシア戦を想定して軍備拡張を進めようとする中で、その有力な財源としてまたしても酒は狙い撃ちの対象となった。

従来の免許税が廃止され、増石税一本となり、税率は大幅増税となっていく。明治29年の造石税は７円だったものが32年には12円、34年には15円、37年には15円50銭、38年には17円、41年には29円というすさまじい増税ラッシュである。

その背景には、当時、国税の中では地租が大きなウエートを占めていたが、帝国議会では地主が選挙権者であり、議員にも地主が多かったから地租の引き上げは政治的に容易ではなかったことがある。酒造家も地主、地方名望家が多かったが、この時代の酒造家の数は１万９０００人程度で、地主全員を相手にするよりははるかに楽だったのである。

酒は「担税品」か「嗜好品」か

この間、明治29年（１８９６年）に自家用酒税法が制定され（32年に自家用酒禁止）、明治32年（１８９９年）には酒税が地租を抜いて国税収入のトップとなり、明治34・35年（１９０１・１９０２年）には酒税が国税収入の実に38％を占めるまでになった。明治後年になると零細な免許者の強制的な製造免許取り上げが行われ、製造業者の近代化が図られることになる。

明治時代における酒税は、近代化と富国強兵を目指す財源と捉える政府と、近代化の過程で勝ち取った権利を主張する民衆との争いの歴史でもある。

その意味で、明治時代は今に至る酒税論争の濫觴（始まりの意）というべき時代であった。明治政府は「酒は驕奢品であり、ある意味では嗜好品であって、米などの生活必需品ではない」とし、植木の建白書は「驕奢品とみなし、それゆえにこれに課税することは、他の必要品に課税するよりは人々の経済的負担は少ないために、とかく驕奢品に対して課税されがちである。しかし酒は世間一般にいって、驕奢品とみなされるのであろうか。確かに一般の貧しい生活の中で十分な充実感が得られないような人の場合とか、寒冷地においてとかく風雪に耐えて生活してゆかなければならない人の場合などは、酒こそ人々の生活に潤いを与えるものであり、必要品とみなされるものである。そして、百歩譲って、たとえ酒をもって驕奢品とみなしたとしても、それだからといって酒造家に対して課税する必然性はどこにあるのか。それはただ酒造家を苦しませ、虐待するだけのことではないか。政府が酒造家に対して、どうして重税を課すべき根拠があるのか。」と憤慨している。この担税品と嗜好品を巡る争いは今なお続いている。

ちなみに、数多い西郷の伝記で最も早いのは明治13年（1880年）、植木枝盛によって書かれた『西郷隆盛一代伝』だといわれる。自由民権家・植木枝盛は西郷の中に何を見たのだろう。

【参考文献】

『日本酒税法史』夏目文雄著（創土社、２００４年）
「政治と酒」柚木学著（『日本の酒の文化』公益社団法人アルコール健康医学協会編）
「酒と経済」宮本又郎著（『酒の文明学』山崎正和監修／サントリー不易流行研究所編）
『西郷内閣　―明治新政府を築いた男たちの七〇〇日』早瀬利之著（双葉社／双葉文庫、２０１７年）

第五部

アジアの酒と焼酎

第1章

朝鮮の酒を変えた日本

朝鮮の酒の歴史は古い。今から2000年前の古朝鮮時代、そして1400〜1500年前の三国時代には酒が飲まれていたことが確認されるという。蒸留酒は高麗後期に元によってもたらされた。仏教政権であった高麗王朝はモンゴル族の侵攻を受け、1258年にモンゴル帝国（後の元）に服属し130年もの間、元の支配下にあり、この時代に馬乳酒、ぶどう酒、白酒（蒸留酒）が伝来した。

1274年、元は朝鮮半島の安東（アンドン）（現在の韓国慶尚北道の中部）、開城（ケソン）（現在の北朝鮮南部）に兵站（へいたん）基地を設け、済州島（チェジュ）を馬の調達や造船の基地として、日本を攻めてくる（元寇）。この元（げん）軍の基地になった場所が韓国伝統焼酎の産地となった。もし、元寇が成功していれば日本の焼酎も大きく変わっていたことだろう。

儒教政権で開花した家醸酒（カヤンジュ）文化

韓国の酒文化が花開くのは1392年に樹立された儒教政権の李氏朝鮮の時代である。仏教政権では公に酒は飲めなかったが、儒教には、誕生、成人、結婚、還暦、死亡そして法事などの儀礼が儒教の礼俗で厳しく決められ、その際、必ず飲食を伴う通過儀礼（人が生まれて死ぬまでの間に通過する一生の儀礼）があり、近所が協力しあいながらお酒をつくる中から、いろんな酒の製法が生まれ広がり、多彩な家醸酒（カヤンジュ）の文化が生まれた。1433年頃には家々に焼酎があった（「朝鮮王朝実録」）というから、日本より100年ほど古い。

だが今では、この家醸酒文化の片鱗も見ることは出来ない。これを廃滅に追い込み、現在の韓国焼酎（ソジュ）を生み出したのが日本統治時代である。

明治37年（1904年）8月、日韓協約成立に伴い日本政府の推薦による目賀田種太郎男爵が韓国財政顧問に就任し、明治39年（1906年）には統監府が設置され酒造関連の調査を行い、明治42年（1909年）2月、韓国に初めて酒税法が施行された。

朝鮮は昔から農業立国であり、税の6分の5が地税であり、地主すなわち農民の負担によるものであった。当時の税は直接税で、間接税に当たるものはなく、古来、朝鮮においては酒類に課税したことはなかった。李朝時代の家醸酒文化も各戸自由の酒つくりのもとに生まれたものだった。

酒を製造販売していたのは飲食店みずからであり、官尊民卑の風習が残る朝鮮にあって製造業は賤しいものとされ、家屋の一隅を使用し婦女子の手による酒造業は賤業として蔑視され、日本からみれば、製造技術も稚拙なものだった。

そこで課税の傍ら酒造業の改良発達を促し、財源の涵養を図り、間接税の基礎をつくることを目的に「酒税法及煙草税法」を発布施行した。当時、酒税が地租と並ぶ二大財源となっていた日本の税体系をモデルにしたものである。

主要な酒は薬酒、濁酒（マッコリ）、焼酎（ソジュ）

当時、朝鮮の主要な酒には、薬酒、濁酒（マッコリ）、焼酎（ソジュ）などがあった。薬酒はうるち米と粉麹子で造った酒母にもち米を添え掛けして造り、主に京城（現在のソウル）付近の中流以上の階級で消費されていた。濁酒（マッコリ）は粗麴と蒸米と水を混合したもろみを濾したもので、京城以南の庶民の飲料で食糧としての一面も持っていた。そして焼酎（ソジュ）は粗麴と穀類でモロミを造り、これを古里（コリ）という蒸留器（図1）で蒸留した酒で、主として京城以北で消費（南部は夏期のみ飲用）されていた。

いずれも、糖化剤には、水で練った小麦粉を練り型に入れて踏みつけ、温室で保温あるいは室内に吊り下げてカビを生やした麯子（きょくし）（151ページ）と呼ばれる麹を使っていた。その多くは農家の副業として造られていた。

朝鮮酒造業の指導のために設立されたのが醸造試験所である。明治42年（1909年）に創設され、明治45年（1912年）官制改正により中央試験所に合併となり、大正13年に行政整理により廃止となるものの、昭和4年（1929年）に朝鮮総督府酒類試験室として復活し、酒造の研究、営業者の指導にあたることになった。その業務内容は、「醸造品の分析試験」「各種醸造原料品の分析試験」「朝鮮酒発酵菌類研究」「朝鮮酒醸造方法の研究」「醸造業従事者の教養」で、昭和9年（1934年）に税務機関独立とともに各税務監督局に移されている。

その後の朝鮮の酒の変貌はめまぐるしいものがある。伝統的な朝鮮焼酎は次のような過程を経て消滅していった。

日本式蒸留器に改善指導

明治39年頃の京城（現・ソウル）における焼酎製造法は次のようなものだった。

3月頃2石3、4斗容量の大カメに水8斗ほどを汲み入れ、米9斗を蒸し投入し、さらに麯子50個を粗く割って投入し撹拌。毎日1～2回ずつ撹拌しながら3週間くらいで熟成する。これに蓋をして土をもって塗り密封して5月頃から漸次需要に応じて蒸留する。留液のアルコール度は35～40度が一般的だった。

蒸留器には、ヌンジ、土古里、銅古里の3タイプ（図1）があったが、製造高の多い京城以北では銅古里が多く使われていた。銅は冷却効率が良いためである。だが、銅古里は製品に銅が溶出し有害飲食物取締規則に抵触することから、古里に錫製蛇管冷却器を取り付け、次いで日本式の吹き込み式蒸留器に改善への指導がなされ、大正末には姿を消した。日本の焼酎蒸留器でも銅製冷却器が使われていないのは、銅イオンの溶出によるオリの発生を防止するためである。

【図１】朝鮮焼酎蒸留器
（古里＝こり）三態（『朝鮮酒造史』より）

自家用焼酎の消滅、酒造の工業化

大正5年（1916年）の酒税令施行を契機に、酒造業の集約化が図られていく。従来、無制限に認可していた自家用酒の製造は、造石数に最小限度を置いて小規模製造者の排斥策がとられる。これにより、自家用焼酎は昭和4〜5年度（1929〜1930年度）に実質、消滅してしまう（最終的に多年の懸案だった自家用酒免許制度が廃止されたのは昭和9年（1934年）のことである）。

また、製造業と飲食店が分割整理され、製造免許者は激減し、酒造が賤業とされていた時代から工業酒造へと転換していく。

大正8年（1919年）には連続式蒸留機による酒精式焼酎（日本における甲類焼酎）が出現し、伝統的麴子焼酎は採算がとれなくなり、大正9年（1920年）から酒精式焼酎との対抗上、日本の黒麹導入による生産費の低減が図られるようになる。

当初、酒精式焼酎の原料は糖蜜、コウリャン（高粱）、干芋などで、連続式蒸留機で蒸留した純粋なアルコールに麴子焼酎または黒麹焼酎1〜2割を混合して販売されていた。

ちなみに朝鮮では日本統治前から、清酒、濁酒に均等量の水と砂糖、サッカリン、グリセリンなどの薬品を加味した混成酒が好まれていたことから、後年のピュアなアルコールに添加物としての砂糖、ブドウ糖、クエン酸、サッカリン、アミノ酸、ソルビトール、無機塩類などを混ぜた酒精式焼酎を受け入れる素地があったように思われる。

黒麹が席巻し、そして消滅した

収量増加、生産費低減の目的で麴子の代用として使われはじめた黒麹は、琉球、鹿児島で使われていたものだが、朝鮮では大正末から使われるようになり、昭和2年頃には急速に朝鮮各地に流行し、昭和4〜5年にはほとんどが黒麹になった。

種麹は鹿児島産と朝鮮産で、麹原料はシャム砕米が多かったものの、輸入税が上がってから満州粟に代わった。掛け用原料は主としてコウリャン（ほかにトウモロコシ、米、粟、燕麦（えんばく）、大麦など）だった（表1）。

麴子の代用のはずだった黒麹が、内地品評会に出品して優勝を飾るほどになり、結局、麴子に引導を渡す立場になったのである。

その製法は「種麹は泡盛麹菌アスペルギルス・ルチュエンシスを米・砕米・粟などに純粋培養してなるだけ多くの胞子を形成させ、製麹室、製麹操作は砕米・粟などを原料とし清酒の場合と同様に麹を製造し、それにコウリャンま

【表1】朝鮮における黒麹焼酎の仕込配合（昭和初期）

	例1	例2
黒麹（粟原石）	1,800合	3,000合
コウリャン	1,800合	3,000合
満州粟	1,800合	2,100合
汲み水	2,700合	3,640合

たは粟を添えがけして酒母モロミを仕込み発酵熟成せしめ、吹き込み式蒸留器で焼酎をとるというものだった。泡盛焼酎類似の香気と原料の相違による特有の香のあるもので、最初は嗜好上売れ行きが危ぶまれたのであるが、近来ではだんだん慣れて一般から歓迎されている」(「朝鮮酒造史」より)。

当時の仕込み配合は次のようなものだ。黒麹に10割内外の水を加え(現在の一次モロミと同じ120%)、これにコウリャンや粟、白米を二次掛けする方法で、麹と主原料の割合がほぼ1対2。汲み水歩合がほぼ100%である。白米は蒸して、コウリャン、粟は煮炊して加えている。汲み水はやや少ないが、ほぼ日本の焼酎の製法(二次仕込法)が踏襲されているようである。だが、この黒麹焼酎もその後、酒精式焼酎に押され、現在消えてしまっている。

自家醸造のエネルギーは密造に向かった

大正以降の朝鮮酒の伸長はめざましく、昭和9年度には酒税が租税総額の3割を占め、地税と逆転して第1位となった。

その一方で、昭和に入ってから、黒麹焼酎への変換、酒精式焼酎の登場、そして自家醸造禁止への動きの中、表向きの自家醸造は激減したものの、そのエネルギーは密造酒へと向かっていった。

朝鮮の農村にはこれという娯楽が無く、濁酒は農民唯一の慰安物であり、自家用酒の製造禁止により農民は大きな打撃を受け、結局は密造へと走った。昭和4年（1929年）以降の密造酒摘発件数は1万5000件を下ることがなく、当局を悩ませつづけた。それは終戦後の日本の闇市における朝鮮焼酎にもつながっていく。これを「朝鮮の酒つくり文化の根強さと民衆のしたたかな抵抗精神」とみる向きもある（『朝鮮の酒』）。

朝鮮の酒文化は他国によってもたらされた酒を朝鮮独特の家醸酒文化として開花させ、それがまた他国によって変貌を余儀なくされた文化であった。

あらためて、連綿と続いてきた日本の伝統蒸留酒である焼酎が、自助努力だけではなく、いかに幸運に恵まれていたかを考えさせられる。

【参考文献】

『朝鮮の酒』鄭大聲著（築地書館、1987年）
『朝鮮酒造史』（財団法人朝鮮酒造協會、1935年）

第2章

台湾の酒と日本

台湾は日清戦争敗戦の結果、割譲され、１９４５年（昭和20年）までの50余年間、日本の支配下にあった。

台湾の酒は日本の出先官庁である台湾総督府の施策により大きく変貌を遂げるが、統治前の資料はほとんど残されていない。

そのなかで、最も貴重な資料が杉本良による『専売制度前の台湾の酒』である。この本には、藤本鐵治による台湾における最も古い調査の記録が掲載されている。

台湾で飲まれていたのは九割以上が焼酎だった

藤本鐵治は、東京・大阪・神戸・函館などの税務監督局に勤務した後、１９０１年（明治34年）、台湾総督府に転任。１９０４年（明治37年）、台湾全島の酒造業について実地調査し、記録を残している。

台湾には３０００年の歴史を持つといわれる口嚙み酒があった（第二部第2章参照）が、藤本の調査によれば、蒸留酒としては、原料別に①米②米と蕃藷（サツマイモ）③糖蜜と少量の米④甘蔗（サトウキビ）汁⑤コウリャン（高粱）——を原料とするものがあった。

コウリャン焼酎は固体発酵で、大型の蒸留器で蒸留し、それ以外の米や甘藷焼酎などは、日本のツブロ式蒸留器とそっくりの法主頭と呼ばれる独特の蒸留器が使われていた（第三部第3章　１２５ページ参照）。藤本は大正10年（１９２１年）に米酒蒸留場を訪れた時の蒸留器の冷却水温度管理を記している。面白いので原文を紹介する。

「蒸留器の冷却水の温度はあまり高くてもいけないので常に適温を保つことが必要である。…当時の米酒蒸留家は寒暖計もなし、技術も進んでおらない。どうして温度を調節したかというに、それは驚くべき忠実な寒暖計を持っておった。何かというと、冷却水の中に鮒を飼っておくのである。冷却水は温度が上がっても上層はあつくなるが下部は常に冷やかであるから、鮒氏は底部において常に安全であって、ここで酒粕を食糧として配給を受け、よい気になって太っているわけである。もし冷却水の不通とか、何か管理上の失態によって、冷却水の下部温度が上昇してくれば、鮒は勿論煮られてしまう。鮒が死んで浮きあがれば司阜（杜氏）は『これは冷却水があつ過ぎるな』と心ついて、鮒は自身賞味しつつ冷却水を加減するのである」

ツブロ式蒸留器ならではの工夫である。燃料としては籾殻を用い、蒸留粕は豚の餌にしていた。熟成の習慣はなく、オリの出た焼酎が普通だった。当時の台湾で九割以上飲まれていたのが焼酎だったが、米酒が主流で、糖蜜酒、甘蔗酒、蕃藷酒などはいずれも原料固有の臭気があり、山地以外ではほとんど飲まれていなかった。

琉球に学んだツブロ式蒸留器や芋焼酎

大正2年には錫製のツブロ式蒸留器に蛇管式冷却器を連結したものが使われるようになっ

ている。垂れ始め（酒頭）は30〜40%、18%以下になれば時酒と称し、酒頭はそのまま消費することもあるが、普通は、時酒と混合して20〜25%のアルコール濃度で販売されていた。

蕃藷酒（芋焼酎）の造り方は、芋を洗浄後水切りし、大きなものは2、3個に切断した後、沸騰した鍋に投入して煮熱したものを破砕して、31〜32℃に冷却する。これにあらかじめ粳米に米曲（米麹）を加えて糖化したものを加え、水とともに仕込む。もろみは数時間にして発酵を始め、随所にブツブツと火山口のようなものができて炭酸ガスが発生し発酵が始まる。発酵が終わると、鍋に入れて攪拌しながら焦げ付きを防ぎ、蒸留する――というものである。

コウリャン酒は明治38年（1905年）頃、支那から司阜（杜氏）を雇い入れて製造したのが始まりだという。この中国本土から伝来したコウリャン焼酎の製法は、土を被せて発酵させる中国本土の固体発酵方式＝カブト釜式の蒸留器であるのに対し、その他の台湾土着の酒はツブロ式の蒸留器で蒸留されていたのが興味深い。

カブト釜式蒸留器は中国本土から伝来したものだが、独特の形状のツブロ式蒸留器はどこから来たのだろう。中澤亮治と同じ頃と思われる森丙牛氏の所見に次のような文章がある。

「東海岸に占拠するアミ族及び卑南蕃一部と、加禮宛熟蕃および平埔蕃のうちには蕃藷を原料とし蒸留酒を造るところがある。これはほとんど琉球式の方法で蒸留するも道理、我が領台以前に東海岸に漂着したる沖縄県人が彼ら蕃人にこの醸造法を教えたもので、専売制施行以前は該地方の本島人もこの式で醸酒して居ったものもあった」

つまり、台湾のツブロ式蒸留器や芋焼酎の醸造法は沖縄から伝来したものと書かれている。その製法は「蕃藷を煮て桶にいれ、杵にて搗き砕き鳩麦にて製したる酵母（筆者注・麹の間違い?）を入れ、攪乱して蕉葉を蓋とす。置くこと数日にして発酵させ、蒸留」するというもので、「蒸した甘藷を搗き砕き、麹を混和して発酵、蒸留する」――かつての沖縄の芋焼酎の造り（第四部第2章　183ページ）とそっくりである。

このツブロ式蒸留器は大正10年（1921年）末に書かれた柴田虎狼氏手記に、「米酒の製法は全島ほとんど同じで、蒸留器も敖酒桶と称する錫製の蒸留器」とあり、ツブロ式がなお広く使われていたことがわかる。

塩、樟脳、阿片に次いで、酒も専売に

これを一変させたのが、大正11年（1922年）7月1日に実施された酒専売制度である。大正11年といえば第一次世界大戦直後で、米国では禁酒法が実施された年である。

第一次世界大戦が終結すると、日本は一転不景気となり、総督府の歳入不足も深刻化する中、台湾では塩、樟脳、阿片に次いで、酒も専売となった。それは酒類の製造から販売までのすべてを専売にするという、思い切ったものだった。

この専売制度実現のために敏腕を振るったのが『専売制度前の台湾の酒』を著した杉本良である。杉本は酒専売のために朝鮮総督府より台湾へ赴任し、初代の酒課長となった。そして酒と煙草は台湾財政の花形となっていく。専売局の取り扱い品について杉本は、こう記している。

「酒と阿片は煙草以上に仲良しである。阿片の主成分たるモルヒネの用途効用も、実に煙草以上に人間には効果的なる致酔力がある。一番縁遠いように見える樟脳がまた一番酒と縁が深く、しかも酒精（アルコール）にあえば樟脳はセルロイドとなり、フィルムとなり、かくて現代文化を表象する映画は実に酒の精と樟脳との合作である」

一方で、藤本は「阿片を喫するものに飲酒の習慣はない。酒も必ずしも無害とはいえないが、阿片のような亡状に陥ることはない。阿片の原料はすべて輸入であり、この不生産的で亡国的な有害物に支払う金額は驚くべき数字になっている」として、阿片の絶滅を一大急務としている。

専売制度を実施する理由を、総督府税務課長だった古木章光は次の3点にあったと説明している。

「その第一は、酒は何千年の昔から存在し、吉事にも凶事にもこれを使用し、長寿を保つものもあれば身を滅ぼすものもある。しかしこれを禁絶することが不可能なことは北米合衆国の実施した禁酒法の結果が明らかにしている。そこで品質を吟味し、害を少くしなければならない。内地においては今日、日本酒払底のため割水したいわゆる金魚酒が横行して保健上問題となっているが、台湾では政府が売るものだから安心できる。

第二は、経済上の理由である。到る所に小工場が分散し競争することは資本をいたずらに重複させるものであるから、これを専売することにより無駄を省くことができる。

第三は財政上の見地からのものである。酒に課する税は巨額に達し、この上税率を増やすと、いたずらに製造業者を苦しめ、転嫁による価格上昇は消費者の負担を大きくするので、これを専売として台湾総督府財政の基盤を強固にするためである」
何とも役人の考えそうな理屈が並んでいるが、当時の台湾ではおよそ２００の零細業者が、主に米酒、蕃諸酒などの蒸留酒を造っていたが、品質、衛生面では問題が多く、劣悪な酒を淘汰し、品質向上により国民の健康を守るという大義名分はそれなりに意味をもっていたと思われる。

専売により廃業せざるを得なくなった製造者には政府から補償金が支払われた。全島に点在していた工場は適地に集中され、拡張され、台湾の財政を潤すことになる。１９１７年（大正6年）、当時は総督府歳入額の４％弱に過ぎなかった酒税収入が、１９３９年（昭和14年）には歳入の5割近くに達し、しかもその4割が酒からの収入であったという。

１９４５年（昭和20年）８月、日本の敗戦により台湾は50年ぶりに中国に復帰するが、煙草と酒の専売は、中華民国台湾省政府の成立とともに「台湾省菸酒公売局」に引き継がれた。２００２年、ＷＴＯへの加盟が認められた台湾では、同年7月1日から「台湾省菸酒公売局」は民営「台湾菸酒股份有限公司」（Taiwan Tobacco &Liquor Corporation　略称ＴＴＬ）（写真１）となり現在に至っている。

台湾の原住民に、酒文化は深く根付いていた。３０００年の歴史を持つといわれる口嚙み酒は、結局１９５７年（昭和32年）に非衛生的として製造禁止となり、台湾で造られる他の酒も歴史のうねりのなかで大きく変容を遂げていった。

１６２４年にはオランダ人が港をつくり貿易が盛んになり、そこに中国の漢民族の文化が

【写真1】台湾菸酒股份有限公司（TTL）

流れ込み、麹酒造法を学び、蒸留技術も学んだ。沖縄から芋焼酎の製造技術を学び、日本統治時代には酒税が国家財政の要となり近代化が推し進められた。

そして今では米酒、紹興酒、コウリャン酒、ブランデーなどさまざまな種類の酒が造られている。

しかし、核となる伝統酒がないのはさみしく思える。

【参考文献】

『外地酒造史資料集5　専売制度前の台湾の酒』杉本良著　１９３２年（文生書院、２００２年復刻）
『台湾専売史・下巻　台酒雑感』杉本良著（台湾総督府専売局、１９４１年）
『台湾専売史・下巻　酒専売制度実施当時の追憶』古木章光著（台湾総督府専売局、１９４１年）
『台灣的酒』陳義方著（遠足文化事業股份有限公司、１９９４年）

第3章

刺激満載　中国の酒

世界の酒は醸造酒と蒸留酒が対になっているのがほとんどである。ワインを蒸留すればブランデー、ビール（麦芽の発酵液）を蒸留すればウイスキー、清酒を蒸留すれば米焼酎といった類である。

多くの地域では初めに醸造酒があり、蒸留技術を組み込むことによって蒸留酒が生まれている。日本の焼酎も例外ではない。

だが、中国の酒についてはこの図式は成り立たない。

紹興酒の伝統的製法

中国の酒は、醸造酒である黄酒（ホワンチュー）と蒸留酒である白酒（パイチュー）に、大きく分類できる。黄酒の代表が浙江省紹興市で造られる紹興酒である。

その伝統的製法はまず蒸した糯米に水をかけて冷やす（淋飯〈りんぱん〉）。これをカメに入れて酒葯〈しゅやく〉を加えて発酵させる。酒葯とは糯〈もち〉米の粉とヤナギタテ（タデ科の植物）を混ぜて粉末にし、モチ状に丸めて1カ月くらいかけてカビを生やしたもの。酵母も含まれ、スターターの役割をする。

これに麹（大曲〈たいきょく〉）と蒸米を加えて発酵させ淋飯酒（りんぱんしゅ）をつくる。大曲は生の小麦を粉砕し、水を混ぜて煉瓦状に成形し、もみ殻を敷いた竹のゴザの上に並べておくとリゾプスを中心とするカビが中まで入り込むことでできる麹のことで、この曲の製法は白酒の曲（第三部第4章　132ページ・写真1）の製法と同様である。

この淋飯酒を酒母として、これに大曲、蒸した糯米、水（鑑湖水）を加えて大きくしていくのが攤飯酒（たんぱんしゅ）である。攤飯というのは日本と同じように蒸した米を風で冷やすことである。

面白いのは、米のとぎ汁を乳酸発酵させ、これに米を浸漬し、この浸漬米を蒸して酒母に使うことである。容器に原料の糯米を採り、水を加えて十数日にわたって浸漬すると、乳酸菌その他の細菌類が生育し、液中に泡沫を生じ、表面に薄膜を形成し、著しい腐敗臭を発生する。この浸米は、一度水をかけてゆすいだ後、水切りをして蒸炊する。浸漬米を取り去った後の水を漿水（しょうすい）といい、仕込み水としても使われている。この漿水は、清酒の菩提酛や泡盛のシー汁（第二部第1章　64ページ）にも見られる方法で、これが日本へ伝わった可能性もある。漿水中にできた乳酸が細菌汚染を防止する。

発酵が終わり圧搾して清澄化した酒は熱殺菌され、熱酒のまま蒸気殺菌したカメに充填し、泥で密封したカメに貯蔵される。圧搾した酒粕はもみ殻と混ぜて再発酵させ蒸留して糟焼（粕取り焼酎）になる。

紹興酒で重要視されるのが水で、紹興ではかつては鑑湖の水が使われ銘醸地になった歴史を持つ。

【写真1】烏衣紅曲の製造風景

黒麹と紅麹を混合する麹、烏衣紅曲

福建省や浙江省では、日本ではほとんど使われない紅麹（紅曲）の酒が造られている。紅麹は血圧降下などの機能性があり、健康酒として飲まれることが多い。筆者はかつて紅曲の産地で、産後の女性が糯米を蔵元へ持ち込み、これで紅酒を造り、健康回復の滋養酒として飲む、という話を聞いたことがある。

烏衣紅曲という黒麹と紅麹を混合培養して造る面白い麹もある。黒麹を混ぜるのは、紅麹が汚染されやすいために黒麹によるクエン酸存在下で汚染を防止しつつ製麹するためと思われる。

造り方はまず、種麹を溶かした水の中に米を浸漬し、土間にうず高く積む。最初は40℃くらいまで温度を上げ、それを36～38℃で切り返しながら少しずつ温度を下げていく。そして7～8割方、胞子がついたところで土間に薄く広げる（写真1）。紅麹は水分の蒸散が激しく、次第に乾いてくるので、ジョロで水をかけて水分を補給する。ウイスキーの麦芽つくりによく似ている。

一週間くらいかけて製麹したら、最後には屋外で広げて天日乾燥させて保存する。この烏衣紅曲に約5倍量の水を加えて酒母をつくり、これに蒸米を加えて発酵させる。これを搾れば醸造酒で、蒸留すれば白酒になる。烏衣紅曲の黒麹と泡盛の黒麹との関係はまだ明らかになっていないが、中国に泡盛のような黒麹だけの酒はない。

水が悪いから、水を極力使わない発酵形式をとった？

内陸部に入ると水質は一変する。「百年河清を待つ」という言葉が実感として感じられるほど赤茶けた河が流れ、時に激流となり氾濫の危険がつきまとう。このようなところで発達したのが、水をほとんど使わない固体発酵の蒸留酒である白酒だ。水は最大の汚染源である。良質の水がなければ極力水を使わない発酵形式をとればいい、と考えたとしたら、なんともすさまじい発想である。

日本で中国の酒といえば醸造酒である紹興酒が有名だが、実は中国は圧倒的に白酒を飲む蒸留酒の国である。アルコール度50％前後の白酒は、日本の酒のように口中で転がしながらきき分けることができない。そこで、中国の酒は濃香型（瀘州老窖、五粮液など）、醤香型（茅台酒、郎酒など）、清香型（汾酒など）、米香型（桂林三花酒など）といった香りのタイプでその特徴が分類されている。

白酒はレンガ麹（大曲）を用い、水を使わない固体発酵であるところに特徴がある。

生の粉砕した穀類を固めて製麹する大曲、小曲（第三部第4章 140ページ・写真7）といった麹はアジアに広く分布していて、むしろ日本のように蒸煮した穀類で製麹するバラ麹のほうが珍しい。バラ麹は醸造酒、蒸留酒双方に使われているが、固体発酵は白酒独特のもので、醸造酒と一線を画すものである。

そこには蒸留酒の前に醸造酒ありきといった関係を見ることはできない。

蒸留と、地下発酵槽（窖）での発酵をくり返す濃香型

中国の伝統的蒸留酒には大きく2つの製法がある。その代表である濃香型と清香型について紹介したい。

最も生産量が多い濃香型の製法は混蒸続渣工芸と呼ばれるもので、蒸留の際にモロミと主原料のコウリャンを一緒に入れてコウリャンの蒸しを兼ねて蒸留を行う。

固体モロミを蒸留するので、蒸気の抜けをよくするために殻つきのコウリャンを粉砕し混ぜ、生のコウリャンは蒸されるという仕組みである（混蒸）。

蒸留器は組み立て式になっていて、モロミ釜の底部にスノコ（穴の開いたステンレス板）が敷かれ、スノコ底部から蒸気が上がるようになっている。これにコウリャンと混ぜ合わせた固体モロミを入れ（写真3）、蓋を被せて冷却器に連結すると、外見は日本の焼酎蒸留器と同じような形になる。

蒸留残渣は冷却後、麹を混ぜて、地下に掘られた窖（ジャオ）（第三部第4章　134ページ・写真3）と呼ばれる発酵槽で再び発酵させる（続渣）。これを繰り返すので製法は煩雑でなかなか理解しにくい。水をほとんど加えないのでモロミの移動を液体発酵のようにポンプで行うことはできない。スコップで窖から掘り出すことになる。

窖の大きさはまちまちだが、幅が2メートル、長さが3メートル、深さが2メートルくらいのものが多い。伝統的なものは土壁で、この壁の土が酒質に大きな影響を与える。土に含

【写真2】清香型仕込み風景（汾酒）

【写真3】濃香型蒸留器張り込み

まれるバクテリアがカプロン酸エチル、乳酸エチル、酢酸エチルなどの香気成分を作り出しているからである。

窖にモロミを仕込んだ後は上部にもみ殻を敷き、その上を泥で密封する。液体発酵と異なり撹拌はできないので、上部は温度が低く下部は高温と、まるで堆肥造りを思わせる造りである。当然それぞれの場所で成分割合は異なる。そこで蒸留残渣に麹を加えて窖で再発酵させる際に酒質が均一になるような複雑な返し方が工夫されている。窖の中には600年前からのものが今でも現役で使われているものがある。

何とも複雑で、現場を見ないと本当にこれで発酵がうまく管理できるのか、我々の理解を超えているようなところがある。

中国の酒造りには雑菌という概念はない。玉石混交の中から生み出される複雑な香味が尊ばれる世界であり、西洋流の考えが通用しない世界があり、液体発酵にどっぷり漬かっている身には考えさせられることが多い。

カメで発酵して蒸留する清香型

混蒸続渣工芸に比してまだ理解しやすいのが清香型と呼ばれるもので、その製法は清蒸清渣工芸と呼ばれる。

これは土壁ではなく、カメで発酵が行われる。まず、粉砕したコウリャンを単独で蒸す。

これを冷却後、粉砕した大曲を混ぜ、カメに仕込む（写真2）。もちろん水を使わない固体発酵である。

カメの口一杯になるまで入れたら蓋をして密封する。その後、もみ殻を上からかぶせて保温する。発酵が終わったら、何も加えず固体モロミだけを蒸留する（清蒸）。固体発酵は発酵の歩留まりが悪いので、この蒸留残渣を冷却後、再び大曲を加えて発酵させ同じように蒸留する（清渣）という方法である。複雑な香味の濃香型に比べて、バクテリアの関与が少ないことから清香型と呼ばれる風味になる。

濃香型、清香型いずれも長い歴史を有するもので、伝習、伝統、革新と移り変わる中にあって、いまだ伝習を色濃く残している世界がここにある。

ただ、現在、中国の酒の世界も大きく変わりつつある。多大な労力を必要とすることもあって、製法の見直しが進みつつある。

中国の固体発酵はいとも簡単に50度を超す高濃度の酒を造り出すことができる。それは中国の食文化と密接に関係しており、油を多用する中華料理との相性抜群である。その一方で、アルコール度の高さを生かした薬酒も多彩なものがある。

白酒は中国だからこそ生まれた酒であり、中国でないと育たなかった酒であり、世界で一番多く飲まれている蒸留酒でもある。

これからも、世界の酒造りに強烈な刺激を与え続ける酒であってほしいものだ。

神話と焼酎

焼酎神社誕生譚

鹿児島市南さつま市にある竹屋（たかや）神社は、
焼酎と同じく火の中で生まれた三神と、
神武天皇の祖母・豊玉姫を祀る。
本格焼酎の一大産地にあるこの神社は2018年9月9日、
「焼酎神社」として新たに誕生することになった。
神話をひもとき、この神社と焼酎の結びつきを発見したのは、
他ならぬ本書筆者である。

【写真1】南さつま市笠沙にある竹屋（たかや）神社

蒸留酒と神は結びつくのか？

酒の神社は、山の神、水の神、稲穂の神と結びついていることが多い。天と海をつなぐ山の神は清冽な水の流れを作り、水の神は田に豊穣をもたらし、そして、稲穂は神と人とを結ぶ神酒の原料となる。

酒造りには人智を超えた部分がある。入念に準備し、細心の注意を払っても出来上がる酒は毎回異なる。たまに期待に沿う酒ができても、そこには目に見えない力が働いていると感じざるを得ない。微生物の存在が知られていない時代であればなおさらだ。だからこそ、蔵人たちは酒神社に詣で、感謝の気持ちを捧げ、造りの安寧を祈るのだ。

これらの酒の神社に祀られているのは、米を原料とする醸造酒の神様である。醸造酒は気候に恵まれ、水に恵まれ、原料に恵まれた土地に自然発生的に銘醸地が形成されてきた。そこは神の恩恵を受けた土地であり、酒の神社を詣でる必然性が感じられる。

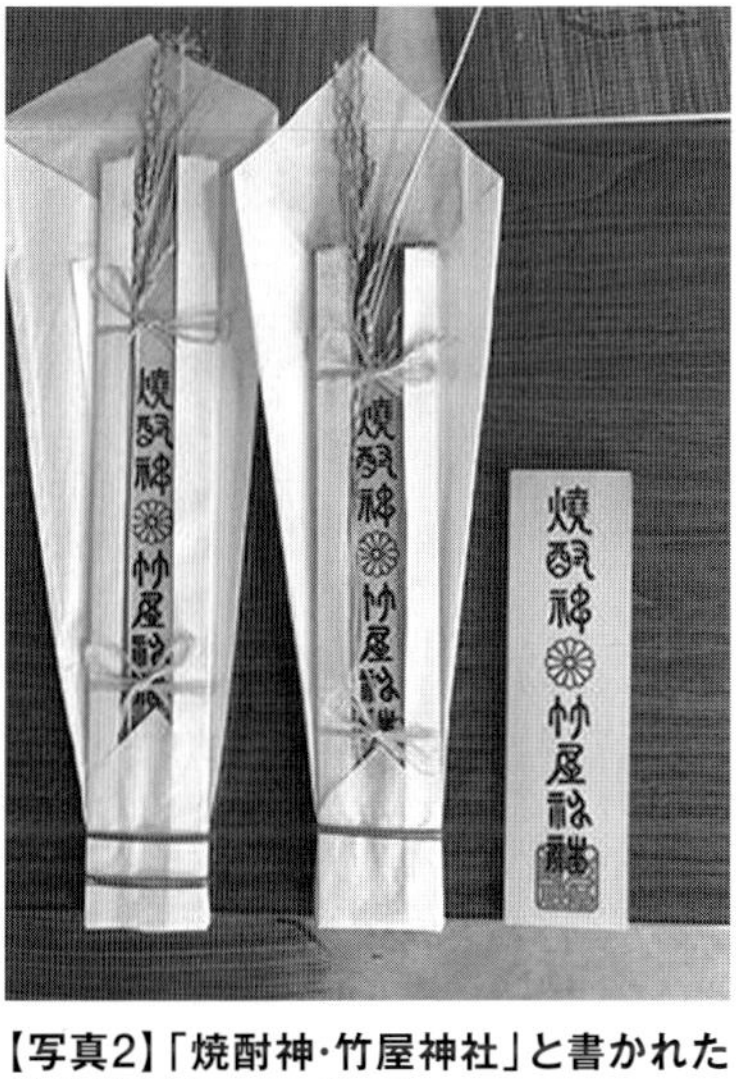

【写真2】「焼酎神・竹屋神社」と書かれた神札が販売されている

では蒸留酒と神はどこで結びつくのだろう。醸造酒が天のご加護を得て発展したのに対し、蒸留酒は天から見放されたところで発展してきたように思える。

米が穫れず、温暖な気候故に清酒のような寒造りができないところで、人の知恵で蒸留技術を駆使し、南国の気候を逆手に取り、米に代わる原料に適した製造法を開発してきた。

蒸留酒にとって祈るべき対象は神ではなく、陽光照らす太陽と大地こそふさわしい。にもかかわらず焼酎の造り手たちは清酒と同じ神棚に手を合わせ、ボイラーの前で火の神に祈っている。であれば、焼酎の神を祀るにふさわしい神社があってよい。

南九州は酒神社の枠外だった

「酒神と神社」については加藤百一氏による詳細な記録（「日本醸造協会誌」第73巻第9-12、第74巻第1-5、第76巻第9-12、第77巻第1-12）がある。これによれば、酒の神社全82社の内訳を府県別にみると、京都12、香川8、奈良5、静岡5社が多く、九州は福岡1、大分2社で南九州にはひとつもない。

氏はこれを「西日本に定着した酒の神々が支配者の、あるいは庶民の手で奉斎（祀ること）され、さらに東国とか辺地へ勧請された」とみる。そして、この流れは「弥生文化の東進に伴って米を原料とした酒造り技術もまた東国へ伝播していった」と推論している。つまり、米を原料とした酒造りが困難であった南九州は古来、日本の酒神社の枠外にあったことを意味している。

神話の神々を祀る酒神社は少ない

全国の酒神社を見ると、意外にも神話にまつわる神々を酒神として祀る神社は少ない。

日本の酒神社の代表的なものといえば、松尾神社（京都）、梅宮神社（埼玉）、三輪明神大神神社（奈良）だ。

大神神社は三輪山全体がご神体であり、祭神は少名彦名尊（スクナヒコナノミコト）と大国主命（オクニヌシノミコト）である。少名彦名尊は、神宮皇后がねぎらいの酒として薬の神である少名彦名尊が造った酒を出したことから、酒神としても祀られている。

松尾神社は朝鮮から渡来した秦氏にゆかりのある神社で、神祭の前駆神事としての酒造りや神社の管理などの一切が当時の実力者である秦氏の管轄下におかれていたことから、いつの間にか酒神社にすり替わったもので、神話とは関係ない。

神話と関係が深いのは梅宮神社である。梅宮神社の主神は酒解神（サケトケノカミ）、酒解子神（サケトケノコノカミ）でまさしく酒神である。酒解神とは日本の山を支配する大山祇神（オオヤマズミノカミ）、酒解子神はその娘の木花咲耶姫（コノハナサクヤヒメ）のことである。木花咲耶姫は、神の田から採れた米で造った天甜酒（あまのたむさけ）を献じて神祭りを行ったことから酒造りの祖神とされ、父の大山祇神は、娘が瓊瓊杵尊（ニニギノミコト）の子を産んだ際、卜占によって稲田を選びその田で収穫した神聖な米で芳醇な酒を醸し、子の誕生を祝ったことから酒解神と呼ばれ、娘は酒解子神と呼ばれている。

大山祇神と木花咲耶姫を祀る神社は数多いが、酒にかかわる神社としては、埼玉の奥富・梅宮神社には大山祇神、木花咲耶姫のほかに瓊瓊杵尊とその子、火遠理命（ホオリノミコト）＝別名・彦火々出見尊（ヒコホホデミノミコト）＝山幸彦が祀られている。また、香川の大太子神社には瓊瓊杵尊、木花咲耶姫夫婦と火遠理命が祀られている。

つまり、日本に酒の神社は多いものの、神話の酒神とのかかわりを持つ神社は数少なく、あっても米から醸す酒の神様を祀る神社であった。

焼酎造りの3つの転換点

このような事情から、蒸留酒である焼酎と神話とはおよそ縁がないものと思っていた。だが、調べていくと焼酎の発展を予見したかのような神話があり、その関係神を祀る神社があることが分かった。

そこで、本題に入る前に焼酎発展の歴史を振り返ってみたい。

焼酎が日本を代表する酒になるには、大きく3つの転換点があったと考えられる。ひとつは蒸留技術の導入である。初期の焼酎の製法は清酒の第一段階である酒母を蒸留してつくられていた。米麹と蒸米を同時に入れて発酵させるドンブリ仕込みと呼ばれる製法で発酵させ、これを蒸留して米焼酎を造っていた。清酒の製法を基にした米焼酎の誕生である。初期の焼酎は清酒造りに倣って造られていたのである。温暖な気候の南九州にとって寒冷な気候を必要とする清酒の安全醸造は難しかったために、風土のハンディを克服するために蒸留技術を活用したのである。

2つ目がサツマイモ伝来である。焼酎が米焼酎にとどまっていたら今日の発展はなかった。シラス台地に覆われ、台風常襲地帯の南九州は米作に適さない土地で、台風に強く、温暖な気候に適したサツマイモはまさに天の恵みであった。ところが、米に代わってサツマイモを酒造原料にするには解決しなければならない課題が多く残されていた。まず、傷みやすいサツマイモは長期の保存が難しく、掘りたての新鮮さが求められ、通年操業が困難である。また、デンプン含量は米の3分の1程度しかないために、効率は極めて悪い。さらに、蒸せば甘くなるために雑菌汚染による腐造の危険がつきまとう。発酵したモロミは穀類焼酎のようにサラサラではなく、ドロドロしているために作業性も悪い。これらの酒造原料としての厄介な性質がサツマイモの醸造酒や蒸留酒を造るための障害となり、そのために世界各地でサツマイモが栽培されているにもかかわらず、サツマイモの酒は極めて少ない。

従って、日本各地で広く愛飲されている芋焼酎は世界的にみても稀有な存在といえる。サツマイモに代わる酒造特性をもった原料があれば直ちにとって代わられただろうが、南九州ではサツマイモに頼らざるを得なかった。

そこでサツマイモを酒にするための試行が繰り返されることになる。まずは、ドンブリ仕込みから、米麹、蒸米、水を二段に分けて加えるという、より清酒に近い二段仕込みが検討された。これは米焼酎では定着するが、酸臭や芋傷み臭を伴うサツマイモの腐造防止には役立たなかった。そこで編み出されたのが二次仕込み法と呼ばれる製造法である。これは初めからサツマイモを加えることを止めて、まず米麹だけを発酵させて酵母を増殖させる（一次モロミ）。酵母が大量に増殖したところで、蒸したサツマイモを冷却・粉砕して加える（二次モロミ）。甘いサツマイモの糖分が大量の酵母により一気にアルコールに変換されるため腐造の危険が軽減される。そしてこれを蒸留する製法

【図1】仕込み法の変化

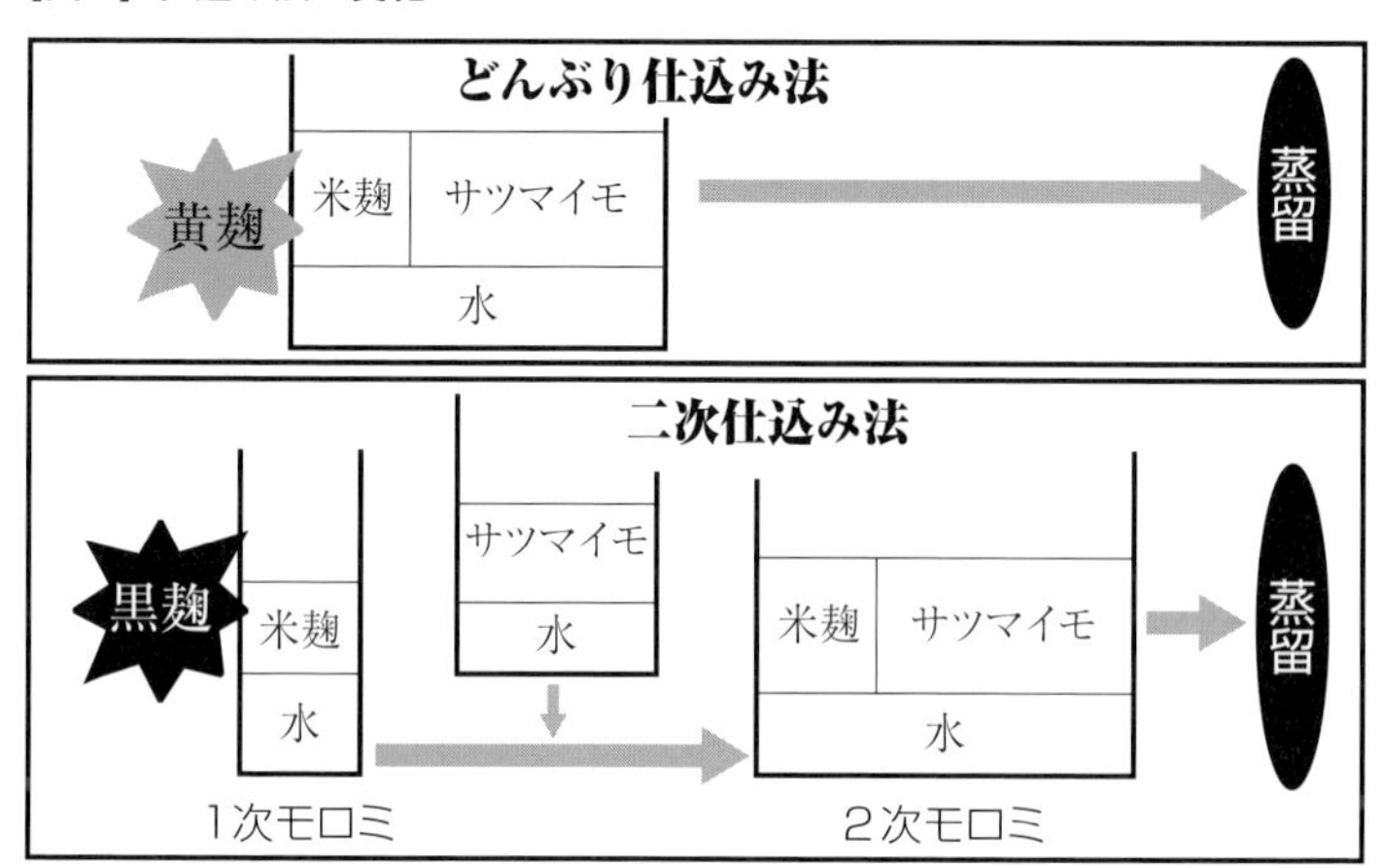

【図2】黄麹と黒麹

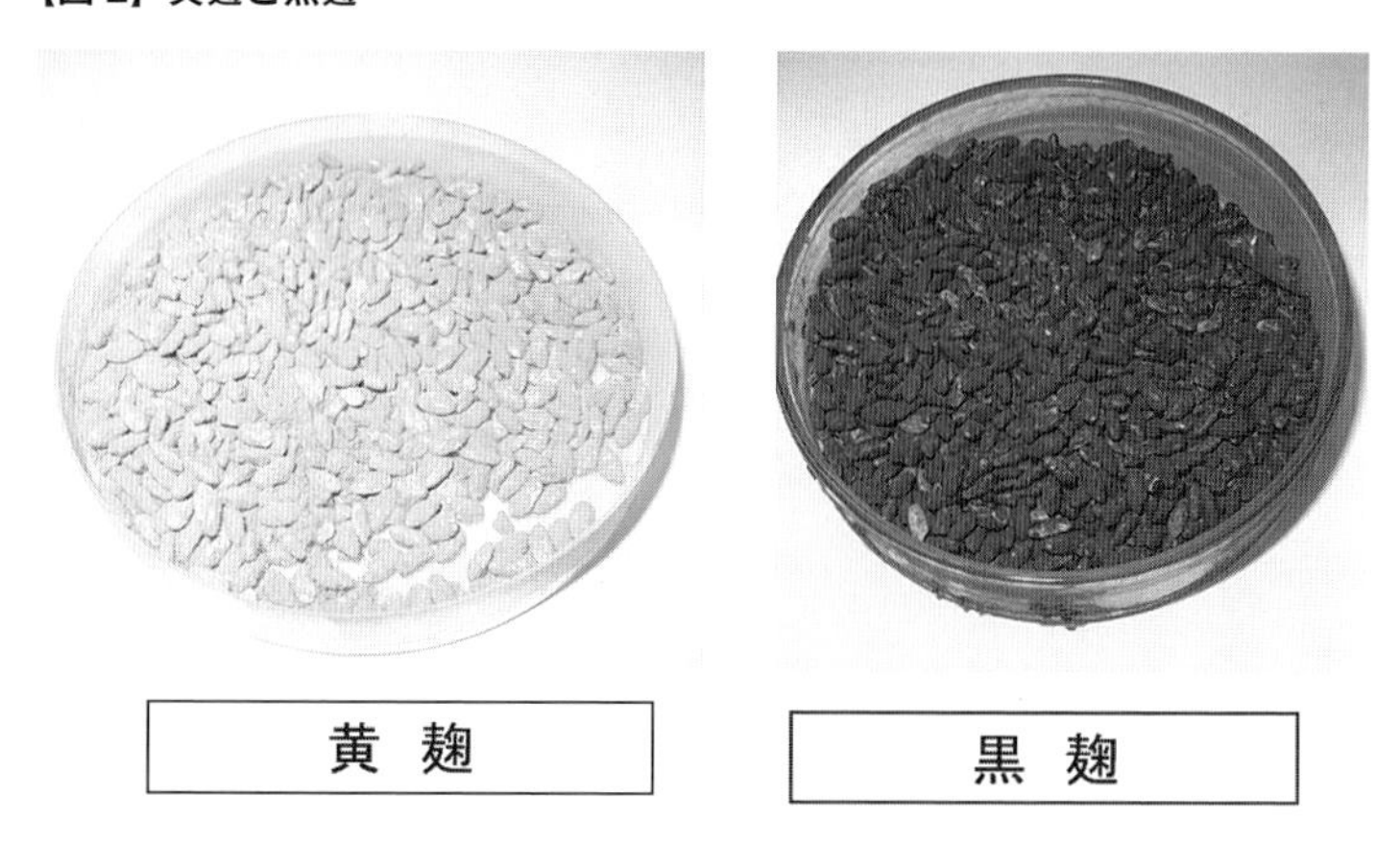

かつては清酒と同じ黄麹（左）が使用されていたが、琉球から伝わった黒麹（右）導入によって、現在の製造法が確立された。

である。この二次仕込み法は、デンプン質と糖質原料の両方の性質を持つサツマイモのために開発された製法ゆえに、サツマイモの代わりにどんな原料を加えても焼酎にできる万能の製法であり、多彩な原料を使ったその後の焼酎ブームをつくり出す大きな要因となった。この製法の開発により、焼酎は清酒技術から脱却し、焼酎独自の道を歩むことができたといっても過言ではない（図1）。

3つ目の転換点として忘れてならないのが黒麹の導入（図2）である。それまでは清酒と同じ黄麹が使われていた。黒麹はもともと沖縄の泡盛で使われていたのが芋焼酎造りに応用されたものである。黒麹菌はクエン酸を生産する菌である。クエン酸はレモンや梅干しに含まれる酸で雑菌を抑える力が強く、そしてまったく蒸発しない酸である。これを芋焼酎製造に用いると、温暖で雑菌汚染されやすい環境下でも不要な菌の繁殖を抑え、クエン酸に強い性質を持つ焼酎酵母菌を増殖させ、かつ、蒸留によりクエン酸を切り離せるので焼酎は酸っぱくならない。まさに、黒麹は焼酎や泡盛のために神が与えた微生物である。これを二次仕込み法と組み合わせることにより、現在に至る焼酎製造法が確立され、焼酎発展の基礎が築かれることになる。

蒸留技術とサツマイモの伝来、そして黒麹の導入は、焼酎が南九州の地酒から日本の國酒に至る道を切り拓く画期的なできごとであった。そしてこれらは清酒造りに不向きな気候、米作に適さない風土、そして酒造原料として厄介な性質を持つサツマイモとの格闘の上に築かれたものであり、ハンディや困難を克服する中で生まれたものだった。そして特筆すべきは、蒸留技術は中国から、サツマイモは中南米原産で世界中をめぐって日本へ伝来し、黒麹は沖縄から、と、いずれも海を渡ってもたらされたものであったことを、ここで確認しておきたい。

つまり、焼酎の歴史は、南国の温暖な風土と海外文化渡来の入り口に位置していた地理的状況を背景に、清酒造りという日本伝統の酒造りと海外伝来の技術・産物の融合の上に独自の製造法が発明され、このオリジナル技術がサツマイモ以外の多彩な原料を用いた焼酎造りをも可能にし、日本列島を北上する中で國酒への道を切り拓いてきた歴史だということができる。

竹屋神社の神様四柱と焼酎が符合する！

鹿児島県南さつま市にある竹屋（たかや）神社。この神社には不思議な組み合わせの神様四柱が祀られている。火照命（ホデリノミコト）＝海幸彦、火須勢理命（ホスセリノミコト）、火遠理命（ホオリノミコト）＝山幸彦の三兄弟、そして火遠理命の妻の豊玉姫命（トヨタマヒメノミコト）である。

この組み合わせは日本の神社に他に例をみない。古事記をひもとくと、この四柱が上記の焼酎発展の歴史を見事に予見したかのような物語が浮かび上がってくる。

三兄弟の母親は木花咲耶姫（コノハナサクヤヒメ）、父親は瓊瓊杵尊（ニニギノミコト）である。神話ではニニギノミコトがアマテラス大神から三種の神器と神聖な稲穂を授かり高天原から降臨し、高千穂の峰に降り立つ。そして笠沙の御前でコノハナサクヤヒメを見初め結婚する。この「笠沙」が黒瀬杜氏や阿多杜氏の出身地で知られる南さつま市にある。

契りを結んだコノハナサクヤヒメは一夜で妊娠するが、自分の子供ではないのではないかとニニギノミコトに疑いをかけられる。

コノハナサクヤヒメは疑いを晴らすため、「神様の子であれば死ぬことはない」と産屋の出入口をふさぎ、みずから火をつけ、燃え盛る火の中で3人の子供を無事出産した。

天孫ニニギノミコトの子の誕生を喜んだ父の大山祇神（オオヤマズミノカミ）は、神聖な米で芳醇な酒を醸し3人の孫の誕生を祝ったことから、オオヤマズミノカミは酒解神（サケトケノカミ）、その子のコノハナサクヤヒメは酒解子神（サケトケノコノカミ）として酒造りの神様となっている。

つまり3人の御子は米の酒の神様であるコノハナサクヤヒメが火の中で産んだ（蒸留）ことから、米の蒸留酒（米焼酎）の神と考えることができる。この3人の御子は、火照命、火須勢理命、火遠理命といずれも頭に「火」を冠した名前を持ち、さらに長男の火照命（ホデリノミコト）は火が燃え始めた時に生まれ、次男の火須勢理命（ホスセリノミコト）は火盛んなる時に生まれ、末弟の火遠理命（ホオリノミコト）は火の勢いが弱まった頃に生まれたことになっている。

これは焼酎蒸留における初留（ハナ垂れ）、中留（本垂れ）、後留（末垂れ）に相当し、この3つが揃って初めて焼酎となることと符合している。焼酎は過酷な南国の風土との格闘の中から蒸留技術を駆使して生まれたものだが、この3人の御子も疑いを晴らすため火の中での出産という過酷な試練の末に生まれたものだった。

ただ、この3人の御子はこの段階ではあくまで米焼酎の神様である。焼酎も清酒造りを基に蒸留技術を用いて米焼酎を造ったのが最初である。だが、米焼酎でとどまっていては今日の焼酎の発展はなかった。焼酎発展の礎を築いたのは蒸留技術の伝来とともにサツマイモの伝来、そして黒麹の伝来という海外文化の導入であった。

神話の世界で海外文化をもたらす役割を担っているのが海神の娘である豊玉姫（トヨタマヒメ）である。

神話では、長男のホデリノミコトは海幸彦、末弟のホオリノミコトは山幸彦とも呼ばれる。ある日、兄の海幸彦から借りた釣り針を山幸彦は海で失くしてしまう。兄からさんざんいじめられた山幸彦は海神の宮殿に出向き、トヨタマヒメと出会い恋仲となり結婚する。そして海神の力を借りて釣り針を見つけ、また海を満ち干させる玉を譲り受け、玉を使って兄を懲らしめ、ついに兄の海幸彦は山幸彦に服従を誓う。

ちなみに、この兄の海幸彦（ホデリノミコト）は阿多隼人の始祖となっている。弟の山幸彦（ホオリノミコト）は海神の力を得て、権力を握ることとなった。焼酎が海外伝来の産物や文化を駆使して、さらなる発展の道を切り開いたことに符合する。

さらに神話を続けよう。

トヨタマヒメは山幸彦と結婚し子供を孕むが、出産するところを絶対に見ないようにと言っていたにもかかわらず、山幸彦は我慢できずに見てしまう。そこで見た光景は、サメが出産しようとす

【図3】酒神の系譜

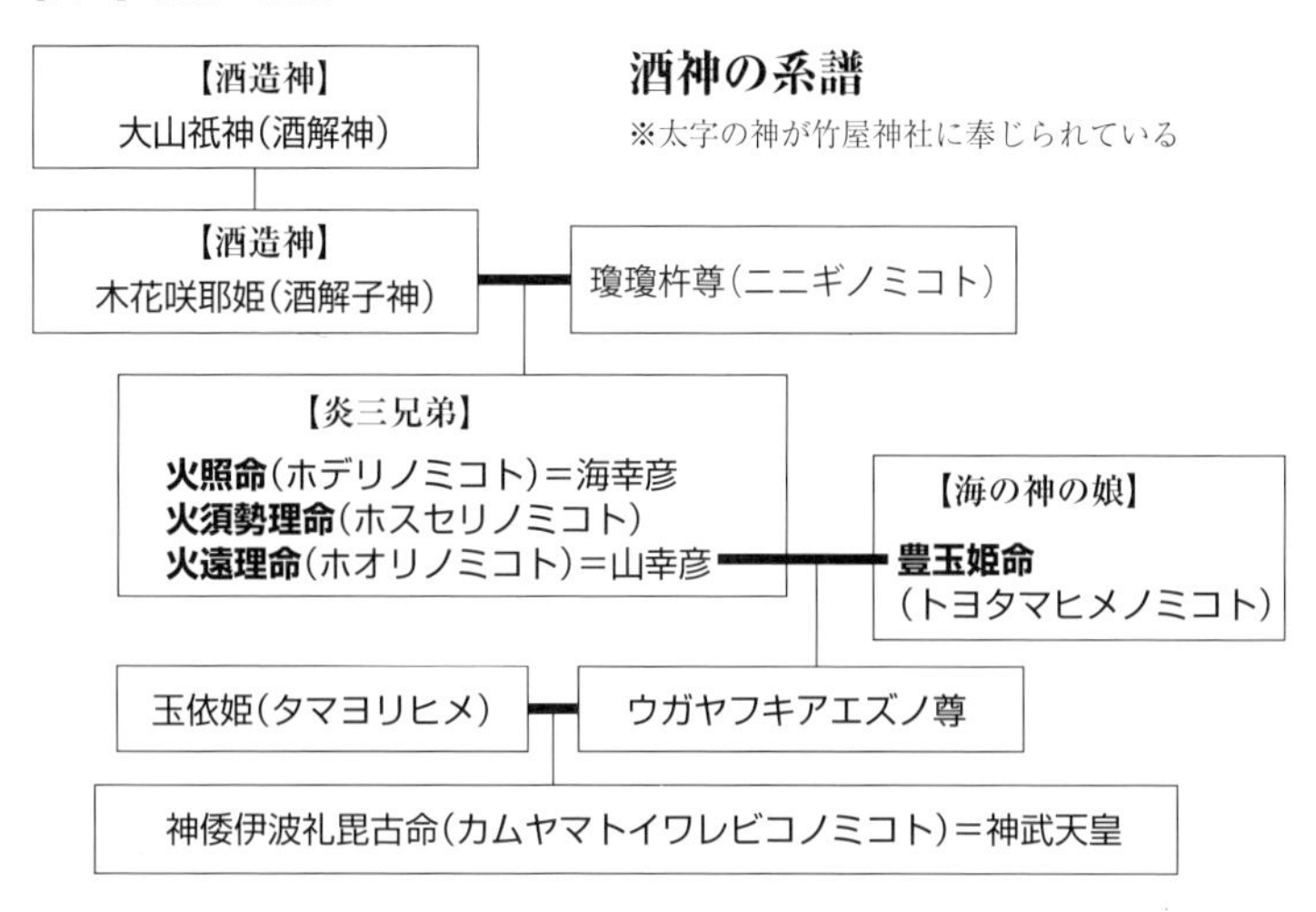

る姿だった。

トヨタマヒメは生まれた子供(ウガヤフキアエズノミコト)の世話を妹の玉依姫(タマヨリヒメ)に託し、泣く泣く海に帰ってしまう。その後、タマヨリヒメは成長したウガヤフキアエズノミコトと結婚し、そして生まれたのが神倭伊波礼毘古命(カムヤマトイワレビコノミコト)、後の初代天皇の神武天皇である。つまり、山幸彦は神武天皇の祖父にあたる(図3)。

焼酎は清酒の技術を基とし、海外文化を取り入れ、発展の基礎を築いたが、その後、長い間南九州の地酒の地位に甘んじていた。それが今では神武天皇の東征を思わせるような北上を開始し、日本の國酒といわれるまでになっている。

竹屋神社の四柱をめぐる神話は、まさに焼酎の発祥からその後の発展の歴史を見事に予見しているように思える。

そこで焼酎神を祀るにはこの竹屋神社こそふさわしいと、氏子、焼酎関係者、地域有力者が集い、平成30(2018)年9月9日に、竹屋神社に焼酎神を奉斎する式典が盛大に開かれた。

竹屋神社の由来

南さつま市の御座屋敷と呼ばれる地区に「笠沙宮跡」の碑が建っている（写真3）。戦前、鹿児島県が、この地を神話ゆかりの地に指定した時に建てられた。

ここは、ニニギノミコトが吾田（あた）の笠狭（かささ）の碕（みさき）に上陸後、「朝日の直刺す国、夕日の日照る国、甚（いと）良き所」と言って宮居を立てた所（古事記）と伝えられている。日本最初の皇居址であるとして「日本発祥の地」の碑も建てられている。三人の御子はこの宮の向かいにある竹屋ケ尾（たかやがお）で誕生した。

この竹屋ケ尾はコノハナサクヤヒメが臍帯を切った竹を捨てたところ、一帯に竹が根差したところで、「この山上すべて樹木のみなるに此の所に限りて一村竹林なるはいとも奇くなん」、また、この竹は「当国にては村里には多かれど山中にては絶えてあるなし」（「薩隅日地理纂考」）と、昔から不思議がられてきたところである。誕生後、父のニニギノミコトが笠沙宮を御座屋敷から竹屋神社の現在地・宮原に移されたので、竹屋神社は3人の御子が成長したところになる。

竹屋神社が建立されたのは一千年以上前だろうと推測されている。拝殿入口上部には菊の御紋が飾られ、神社境内の小丘には火遠理命（ホオリノミコト）＝山幸彦の御陵と伝えられる磐境があり、考古学の権威である鳥居龍蔵博士によれば、この亀型の大岩は「ドルメン」（支石墓＝巨石墓の一種）の傘石であり、古代人の信仰上の対象物で最も古いものだという（写真4）。

竹屋神社は古来から「山の神」、「海の神」として崇められ、加世田郷（現在の南さつま市）の惣社「鷹屋大明神」として藩政時代は島津家から莫大な寄付等があり、盛大な祭りが催されていたという。

明治元年の神仏分離令により明治5年に鷹屋大明神から竹屋神社に改名された。そして明治維新により一切の援助を打ち切られ、現在は氏子により維持管理されている。

【写真3】竹屋神社がある南さつま市笠沙には日本最初の皇居址であるとして「日本発祥の地」の碑も置かれている

【写真4】竹屋神社境内にある磐境。鳥居龍蔵博士によれば、この亀型の大岩は「ドルメン」の傘石で、古代人の信仰上の対象物で最も古いものだという

「焼酎神」を奉じる神事で焼酎神社に

焼酎神社となった竹屋神社の拝殿には焼酎神と書かれた焼酎仕込甕が左右対になって配置され、境内には焼酎神祭礼の幟が翻っている。4月には阿多隼人の始祖とされる火照命（ホデリノミコト）＝海幸彦が祀られていることから「阿多隼人祭り」が催される。実は焼酎神の調査を始めるきっかけとなったのは、平成30年（２０１８年）4月１日に開催された阿多隼人祭りで、「焼酎と神社」についての講演を筆者が依頼されたことだった。

焼酎神社となってからは、芋焼酎製造が始まる前の8月に「焼酎神祭礼」が開催されている。主催は氏子代表、南さつま市の七つの焼酎蔵代表、NPO法人南薩のまなざし関係者からなる焼酎神奉斎実行委員会で、鹿児島県酒造組合、南さつま市の支援を得て開催している。

当日は、まず蔵元から寄贈された焼酎がずらりと並ぶ中、製造の安全を祈願し、良質の焼酎原料の安定確保を願い、國酒にふさわしい味わいの焼酎ができることを祈念し、さらに焼酎業の益々の発展を願って、関係者が集う式典を行い、お祓いを受ける。その後、竹屋神社や焼酎にまつわる講演や芸能を奉納しつつ、参集者が蔵元から寄贈された焼酎で御祭神と祭り合う。希望者には「焼酎神・竹屋神社」と書かれた神札を販売している。

現在、鹿児島県内ではマスコミにも多く取り上げられ、焼酎神社として知られるようになってきたが、まだ鹿児島県内にとどまっている感があり、これから広く全国に國酒・本格焼酎の情報発信に努め、焼酎関係者の拠り所になればと思っている。

用語解説

蒸留器の種類

近代的なものは蒸留「機」、伝統的で古式のものは蒸留「器」と使い分けられることが多い。

蒸留機には、連続的にモロミと蒸気を蒸留塔に供給してピュアなアルコールを製造する連続式蒸留機と、一回一回モロミを入れ替えて蒸留する単式蒸留機がある。

連続式蒸留機は1830年代にイギリスで開発されたもので95％の高純度のエチルアルコールを製造でき、これをアルコール分36度未満に薄めたものが甲類焼酎である。

単式蒸留機はウイスキーのポットスティルや焼酎の蒸留機など伝統的で個性的な蒸留酒造りに用いられる。

代表的な焼酎の古式蒸留器には、カブト釜式とツブロ式がある。カブト釜式はアジアに広く分布する蒸留器で、ツブロ式は薩摩から琉球、中国東シナ海沿岸部にだけ分布している地域性の強い蒸留器である。

焼酎の種類

「甲類」、「乙類」、「混和」

焼酎甲類は連続式蒸留焼酎とも呼ばれ、連続式蒸留機で得られた純度の高いアルコールを水で36度未満に薄めたもの。

焼酎乙類は単式蒸留焼酎とも呼ばれ、単式蒸留機で蒸留し、アルコール分45度以下のものをいう。芋、麦、米、黒糖など多彩な原料を用いた焼酎が作られている。蒸留酒にはエキス分2％未満の範囲で砂糖等の添加物が認められているが、焼酎乙類（単式蒸留焼酎）のうちこれらの添加物が一切ないものが本格焼酎と呼ばれる。現在、焼酎乙類のほとんどが添加物のない本格焼酎である。

混和焼酎は焼酎甲類と乙類をブレンドしたもので、甲類焼酎の混和割合50％以上のものが甲乙混和焼酎と呼ばれる。

三倍増醸法

第二次世界大戦後、清酒用の米不足に対応するために生まれた醸造法。清酒モロミにアルコール、糖類、有機酸、アミノ酸、無機塩類などを添加して清酒の風味を維持しようとした製法。純米酒の三倍量の酒を造ることができ、できた酒が三増酒と呼ばれる。２００６年の酒税法改正により副原料の使用量が制限されたため、三増酒は清酒から外れることになった。

酒造年度

製造期間の中途で年度が変わることの無いよう、７月１日から翌年６月30日までの１年間を酒造年度（ＢＹ＝Brewery Year）と呼ぶ。年ごとの製造数量をあらわすときによく用いられる。消費数量や販売数量をあらわすときは暦年（ＣＹ＝Calendar Year １月１日～同年12月31日）、会計年度（ＦＹ＝Fiscal Year、４月１日～翌年３月31日）も用いられるので統計を読むときには注意が必要である。

焼酎の酒税

２００６年の酒税法改定により、酒は蒸留酒類、醸造酒類、発泡性酒類、混成酒類に大別された。

蒸留酒類にはウイスキー類、単式蒸留焼酎（焼酎乙類）、連続式蒸留焼酎（焼酎甲類）、スピリッツ類がある。

　焼酎の酒税率は、アルコール度20％の焼酎1キロリットル当たり20万円で、アルコール度が1％上がると1万円加算される。すなわち25％焼酎1キロリットルの酒税は25万円であり、一升瓶（1・8リットル）に換算すると450円になる。酒税は商品価格に含まれるとされるため、消費税は酒税にもかかる二重課税となっている。

　同じ蒸留酒類でもウイスキー、ブランデー、スピリッツは、37度未満は一律37万円で、37度を1度超えるごとに1万円加算される。つまり、アルコール度37％以上では蒸留酒類の酒税は同じになる。

　課税方式は一律ではなく、たとえば清酒（醸造酒類、アルコール度22度未満）では度数に関係なく一律である。2020年9月30日までは1キロリットル当たり12万円であり、2023年10月1日からは10万円となる。課税方式が決められていないため、酒税法が改定されるたびに一喜一憂することは明治以降変わらない。

サツマイモの呼び方

　中国では異国（蕃国）から伝来したことから蕃薯（ばんしょ）と呼ばれた。これが琉球に伝わると蕃薯の中国音ファンシューが訛ってハンスと呼んだ。

　イモの名は渡来先をいう特徴があり、中国・四国・九州の一部では琉球イモ、薩摩や琉球ではカライモ（唐芋）、関東ではサツマイモ（略してオサツ）と呼ばれるようになった。

　ごく近年まで、鹿児島では加工用イモは甘藷、食用芋はサツマイモと使い分けられていた。

焼酎年表

太字は焼酎に関する記録や出来事、(日本)(世界)は酒に関する記録や出来事など、➡P●は本文の関連ページを指す。

西暦(年)	和暦(年)	日本の時代区分	
B.C.4世紀			(世界)アリストテレス、海水やワインを蒸留
B.C.40年頃			(世界)儒家の経典『礼記』に「天子、酎を飲む」の記述
200年頃			(日本)「魏志東夷伝」(『三国志』の『魏書』30巻)に「倭国」の酒の記述
700年以前			(日本)『播磨国風土記』にカビを使って酒を醸した最初の記録
729-749			(日本)『大隅国風土記』に口噛みの酒の記述
712	和銅5	奈良時代	(日本)『古事記』成立
720	養老4	奈良時代	(日本)『日本書紀』成立
730	天平2	奈良時代	(日本)諸国『正税帳』に清酒が登場
752	天平勝宝4	奈良時代	(日本)『万葉集』に黒酒(くろき)、白酒(しろき)の記述
753	天平勝宝5	奈良時代	(日本)唐僧鑑真、阿多郡秋妻屋浦(鹿児島県坊津町秋目)に来着
907	延喜7	平安時代	**『和名抄』に「酎とは濃い酒、三度重ねて醸したる醇酒」の記述**
1115		平安時代	(世界)『北山酒経』(朱肱)に「甕の中央にくぼみをつくり発酵」の記述 ➡P68/161
1170		平安時代	(世界)アイルランドからスコットランドに蒸留技術伝わる
12世紀			(世界)フランスでブランデー造られる(コニャックがもてはやされるのは15世紀)
12-13世紀			(世界)ロシアでウォッカが誕生(諸説あり)
1196	建久7	鎌倉時代	(日本)島津家の藩祖忠久が源頼朝の命を受けて薩摩へ下向(薩摩・島津家の始まり) ➡P169
1233	天福1	鎌倉時代	(日本)中世寺院における醸酒の初見(金剛寺文書)
1252	建長4	鎌倉時代	(日本)幕府が「沽酒(こしゅ=酒の売買)の禁」発令、鎌倉の民家の酒壺37,274ケ破棄
1233	天福1	鎌倉時代	(日本)『金剛寺文書』に寺院の酒造りについて記述
1258		鎌倉時代	(世界)高麗王朝、モンゴル帝国(後の元)の侵攻を受ける(以後130年間、元の支配下に) ➡P286
1263	弘長3	鎌倉時代	(日本)太政官、奈良興福寺に群集宴飲禁止令を布告
1274	文永11	鎌倉時代	(日本)元軍、博多湾に襲来、元寇(文永の役) ➡P286
1281	弘安4	鎌倉時代	(日本)元寇(弘安の役)
1300	正安3	鎌倉時代	(日本)『日本石油史』に日本で最も古い石油の記録(新潟県北蒲原郡黒川村)) ➡P252
1330		鎌倉時代	(世界)『飲膳正要』(忽思慧)に「中国の蒸留酒は元の時代に中国東南夷から伝来」と記述 ➡P136
1368			(世界)明王朝(1368〜1644)
1371	健徳2、応安4	室町時代	(日本)足利義満が全国の酒家に1壷あたり200文を課税(酒税の始まり)
1372		室町時代	(世界)琉球が中国との進貢貿易を始める ➡P188
1392	明徳3(元中9)	室町時代	(世界)中国の福建から閩人36姓が琉球に帰化 (改行)(世界)李成桂が李氏朝鮮を樹立

西暦（年）	和暦（年）	日本の時代区分	
1404	応永11	室町時代	**李氏朝鮮から対馬の宗氏に焼酒が贈られる（日本人が見た焼酎の最初の記録）** ➡P130/144
1420	応永27	室町時代	（日本）幕府が禅僧の飲酒、寺庵内への酒の持ち込みを禁ずる
1433		室町時代	（世界）『朝鮮王朝実録』に、この頃には朝鮮の家々に焼酎があったと記述 ➡P286
1441	嘉吉元	室町時代	（日本）島津氏、琉球貿易に対する特権を室町幕府から与えられる
1444	文安元	室町時代	（日本）室町幕府が麹造りを独占していた北野麹座を鎮圧（「文安の麹騒動」）。以後、麹造りは酒屋業に移行。菩提泉など僧坊酒台頭 ➡P64
1477	文明9	室町時代	**『李朝実録』に琉球本島で蒸留酒を製造していると記述**
1492	明応元	室町時代	**島津日新公誕生** ➡P169
1516		室町時代	（世界）ドイツで「ビール純粋令」発布。（ビールは麦芽・ホップ・水・酵母のみを原料とすると明記）
1526		室町時代	（世界）フランシスコ・ピサロが第2回南米大陸探検でサツマイモを発見
1534	嘉泰2	室町時代	**冊封使・陳侃が『使琉球録』に「琉球の酒はシャムより来る。製法は中国の蒸留酒と同じ」と記述** ➡P188
1545	天文14	室町時代	**「日新公いろは歌」完成** ➡P174
1546	天文15	室町時代	**ジョルジェ・アルヴァレスが『日本の諸事に関する報告』で、日本で米焼酎が飲まれていると記述** ➡P166/200
1549	天文18	室町時代	（日本）フランシスコ・ザビエルがヤジローを伴い鹿児島に上陸、島津貴久公に面会 ➡P169
1559	永禄2年	室町時代	**大口郡山八幡神社の落書きに「焼酎」の文字が書かれる（「焼酎」の文字の最古の記録）** ➡P171-173
1569	永禄12	室町時代	（日本）大隅北部を支配していた菱刈氏、島津氏の軍門に下る ➡P171 （日本）『多門院日記』に酒の火入れ殺菌の初見
1571	元亀	室町時代	（世界）中南米原産のサツマイモがルソン（フィリピン）に伝来 ➡P232
1578	天正6	安土桃山時代	（日本）『多門院日記』に「諸白」（麹米・掛米とも白米）の名、初見
1582	天正10	安土桃山時代	（日本）『多門院日記』に奈良で10石入り酒桶が使われると記述
1594	文禄3	安土桃山時代	（世界）閩（中国福建省）の陳振龍、経綸親子がルソンからからサツマイモの蔓を持ち帰り閩に広める ➡P155
1605	慶長10	江戸時代	**琉球の野國総管が閩からはじめてサツマイモを持ち帰り、儀間真常が沖縄全島に広める** ➡P234
1609	慶長14	江戸時代	**島津の琉球征討** ➡P237
1611	慶長16	江戸時代	（日本）琉球王尚寧、帰薩する薩摩駐留兵士へサツマイモの土産を持たせる ➡P239
1612	慶長17	江戸時代	**『徳川実記、駿府記』に「島津家久、将軍に琉球酒2壺献上」と記載（本邦の記録に琉球酒が初登場）**
1615	元和元	江戸時代	**公式記録に初めて「焼酎」が記載される（駿河御分物御道具帳の覚）**
1623	元和9	江戸時代	（日本）儀間真常、家人を福州に派遣し製糖法を学ばせる（以後、黒糖生産の基礎を築く） ➡P238

西暦(年)	和暦(年)	日本の時代区分	
1639		江戸時代	(世界)『農政全書』(徐光啓)に「藷酒を錫のカブト釜で蒸留」と芋焼酎の製造法が紹介される ➡P127/159
1655	明暦元	江戸時代	(日本)薩摩で錫鉱発見 ➡P128
1657	明暦3	江戸時代	(日本)幕府が初め酒株を発行、免許者に限り酒造を許可
1671	寛文11	江戸時代	**これ以降の公式文書(徳川実記)に泡盛酒の呼称が使われるようになる**
1673	延宝元	江戸時代	(日本)寒造り以外の醸造が禁じられる
168-1686	貞享期	江戸時代	**『責而者草(せめてはぐさ)』(明良洪範)に薩摩産の泡盛について記載 ➡P196**
1686	貞享3	江戸時代	**江戸樽に竹樋で蒸留する焼酎について記述(醸造技術書『童蒙酒造記』)**
1687	貞享4	江戸時代	**醸造技術書『童蒙酒造記』成立、「焼酎取様之事」の記事で諸白もろみへの焼酎添加が記載(柱焼酎の初見)**
1693	元禄6	江戸時代	**対馬で麦焼酎売買禁止の御壁書(おかべがき)が出される** ➡P148
1695	元禄8	江戸時代	**『本朝食鑑』(平野必大)に銅製蒸留器が登場し、焼酎は「濃烈人を害す」と記載**
1696	元禄9	江戸時代	**志布志の漁師が山川港を出帆後漂流し、海水を蒸留して飲料水を得る ➡P118**
1697	元禄10	江戸時代	**『農業全書』(宮崎安貞)に「琉球芋、赤芋まだ諸国に普からざれども」と記載**
1698	元禄11	江戸時代	**薩摩藩の種子島久基、琉球尚貞王からサツマイモ苗を入手し、種子島で栽培 ➡P244**
1701	元禄14	江戸時代	(日本)薩摩で錫の採掘が始まる ➡P128
1703	元禄16	江戸時代	**対馬で焼酎甑に封印し取り締まり強化 ➡P148**
1705	宝永2	江戸時代	**南薩摩の漁師、利右衛門が琉球から芋を持ち帰る(イモ伝来の一説) ➡P242**
1709	宝永6	江戸時代	**貝原益軒が(『大和本草』で「粟盛は薩摩より出ず」と記述**
1711	正徳元	江戸時代	(日本)下見吉十郎(芋地蔵)、鹿児島から生誕地の大三島(愛媛)へサツマイモを伝える
1712	正徳2	江戸時代	**貝原益軒が『養生訓』で「焼酎は大毒あり」と記述**
1713	正徳3	江戸時代	**『和漢三才図会』(寺島良安)にカブト釜式蒸留器、焼酒(しゃうちう)の記述** (世界)イングランドで実施されていた麦芽税がスコットランドでも実施(本格的酒税)。18世紀末には蒸留機に課税
1714	正徳4	江戸時代	(日本)『諸菜譜』(貝原益軒)に「近年長崎へ琉球より蕃薯来る。故に琉球芋と云ふ」の記述
1716	正徳6	江戸時代	(日本)灘地方の酒に初めて「灘」の名称が使われる **島利兵衛(琉球芋宗匠)が薩摩硫黄島から京都へサツマイモを伝える**
1717	享保2	江戸時代	(日本)松岡玄達が『蕃薯録』で救荒作物としての甘藷の重要性を指摘
1719	享保4	江戸時代	新井白石が『南島誌』泡盛の製法を記述 ➡P189
1720	享保5	江戸時代	(日本)薩摩から対馬へサツマイモが伝わる(『甘藷説』陶山存(鈍翁)、大日本農功伝)

西暦(年)	和暦(年)	日本の時代区分	
1723	享保8	江戸時代	(日本)八丈島にサツマイモが伝わるが全滅(『八丈実記』)」
1727	享保12	江戸時代	(日本)八丈島でサツマイモの植え付けに成功
1731	享保16	江戸時代	(日本)井戸平左衛門正朋(芋代官)が薩摩から岩見(島根県)へサツマイモを伝える
1732	享保17	江戸時代	**享保の大飢饉。薩摩藩はサツマイモのおかげで餓死者を出さず** ➡P249
1735	享保20	江戸時代	青木昆陽の進言で、幕府が江戸および周辺でサツマイモの試作に着手 ➡P249
	享保末	江戸時代	**薩摩から土佐へサツマイモとともに芋焼酎の製法が伝わる**
1751-1763	宝暦の頃	江戸時代	**古庄拙翁(庄屋)が周防大島から大分県国東半島海上姫島へサツマイモを伝える**
1767	明和4	江戸時代	(日本)細川重賢の禁令(肥後藩)で御国酒の藩外移出を禁止 ➡P203
1768		江戸時代	(世界)『金薯伝習録』(陳経綸)に絹を使った醸造酒のろ過を記述 ➡P161
1770		江戸時代	(世界)イギリス系移民によって、アメリカでウイスキーが造られる
1772-1780	安永以前	江戸時代	『倭訓栞(わくんのしおり)』(谷川士清)に「泡盛は薩摩より出ず。・・焼酎より烈し」と記述
1772-1780	安永以前	江戸時代	**『類聚名物考』(山岡浚明)に「せうちうは栄酒の転音なり」と記述**
1782-1788	天明2-8	江戸時代	(日本)天明の大飢饉
1782	天明2	江戸時代	**『西遊記』(橘南谿)に「琉球芋も酒に造る。味甚だ美なり」と記述** ➡P201
1783	天明3	江戸時代	(日本)天明の大噴火、青ヶ島の住民全員八丈島に移住
1784	天明4	江戸時代	(日本)灘で水車精米盛んになる **『大石兵六夢物語/移居記』(毛利正直)に「幸右衛門が焼酎はその辛き事泡盛のごとく」と記述**
1789	寛政元	江戸時代	**『甘藷百珍』(珍古楼主人)が甘藷の123通りの食べ方を紹介**
1791		江戸時代	(世界)アメリカでウイスキー税に反対する「ウイスキー戦争」
1795	寛政7	江戸時代	**『金薯録』(佐藤成裕)刊行(芋焼酎の製造法を記した最も古い記録)** ➡P155
1799	寛政11	江戸時代	**『万金産業袋:ばんきんすぎわいぶくろ』にカブト釜式(内取り蒸留器)の記述**
1802	享和2	江戸時代	**『東海道中膝栗毛』(十返舎一九)に「かのせうちうをあしにふきかけ」の記述**
1804	享和2/文化元	江戸時代	(日本)『成形図説』(薩摩藩)刊行
1823	文政6	江戸時代	**『蕃藷考』(池田武紀、糸川施版)刊行** ➡P115/156
1824	文政7	江戸時代	**『江戸買物独案内』が「琉球砂糖酒」、「薩州焼酎」、「薩州あくね」の価格を掲載** ➡P109 (日本)越後西蒲原郡の蘭方医、喜斎が蒸留器で石油精製 ➡P252

西暦（年）	和暦（年）	日本の時代区分	
1831		江戸時代	（世界）イオニアス・コフィが連続式蒸留機カフェ・スティル発明
1834	天保5	江戸時代	（日本）青ヶ島から八丈島へ全員帰還（還住）
1883-1839	天保4-10	江戸時代	（日本）天保の大飢饉
1835	天保6	江戸時代	**幕府が新潟湊で薩摩の密貿易（抜け荷）摘発　➡P256**
1840	天保11	江戸時代	**幕府が新潟湊で薩摩の密貿易（抜け荷）摘発　➡P256** （日本）山邑太左衛門、宮水を発見
1842	天保13	江戸時代	（世界）チェコスロバキアのピルゼン地方でホップを効かせたビール登場
1843	天保14	江戸時代	**幕府は新潟湊を長岡藩から没収して直轄領とする　➡P256**
1850-1855	嘉永3-安政2	江戸時代	**『南島雑話』（名越左源太）に奄美大島の口嚙み酒の記録　➡P73**
1851	嘉永4	江戸時代	**28代島津藩主島津斉彬、甘藷で良質の焼酎製造指示（『島津斉彬言行録』）**
1852	嘉永5	江戸時代	（日本）新潟に日本初の精油所建設（製油装置はツブロ式）　**➡P254**
1853	嘉永6	江戸時代	**薩摩の商人、丹宗庄右衛門、八丈島に流され芋焼酎の製法伝える（『八丈実記』）** （世界）アンドレ・アッシャーがブレンディドウイスキー発売 （世界）パスツール、微生物により発酵が起こることを証明
1854-1860	安政期以降	江戸時代	**『八丈実記』（近藤富蔵）が「当今はサツマイモのシャウチウ流行ルナル」と八丈島を紹介**
1859	安政6	江戸時代	（日本）横浜、長崎、函館港が開講され日本でビールが飲まれるようになる
1861	文久元	江戸時代	**「田舎で芋焼酎を作り年中飲む」と対馬に関するこの年の記録が残る　➡P148**
1867	慶応3	江戸時代	**パリ万国博覧会に焼酎出品**
1869	明治2	明治時代	**版籍奉還　➡P270**
1871	明治4	明治時代	（日本）廃藩置県　**➡P271** （日本）「清酒、濁酒、醤油鑑札収与並ニ収税方法規則」公布
1872	明治5	明治時代	（日本）オーストリア（墺国）博覧会へ清酒出品（初めての海外輸出）
1872	明治5	明治時代	（日本）渋谷庄三郎によりはじめてビールを企業化（創始者は川本幸民）
1873	明治6	明治時代	**琉球から薩摩にサツマイモを持ち込んだとされる前田利右衛門、徳光神社に神と祀られる（玉蔓大御食持命）** **「醤麹営業税則」発布　➡P264** （日本）地租改正条例 （日本）11月、西郷下野　**➡P266**
1875	明治8	明治時代	**「醤麹営業税則」廃止　➡P265** （日本）「酒類税則」の制定（営業税、醸造税の二本立て）/（「清酒、濁酒、醤油鑑札収与並ニ収税方法規則」廃止）　**➡P273**
1877	明治10	明治時代	（日本）西南戦争（2月～9月）　**➡P205/274**

西暦（年）	和暦（年）	日本の時代区分	
1878	明治11	明治時代	(日本)瓶詰清酒がはじめて売り出される
1879	明治12	明治時代	(日本)廃藩置県により琉球藩が沖縄県となる
1880	明治13	明治時代	**「醬麹営業税則」復活** ➡P265 (日本)「酒造税則」の制定(「酒類税則」廃止)/酒類免許税、酒類造石税。醸造酒、蒸留酒、再製酒に分けて課税
1881	明治14	明治時代	(日本)R.W.アトキンソン、『日本醸酒編』で火落菌について言及 (日本)植木枝盛、酒税増税に反対し、酒屋会議を檄す ➡P276
1882	明治15	明治時代	(日本)4月大阪府警酒屋会議を禁止。5月酒屋会議禁止の中、淀川の舟中、京都で酒屋会議開催
1883	明治16	明治時代	(日本)反税運動に対し「酒造税則」改定。(造石税高の制限等) ➡P278 (日本)宇都宮三郎，モロミの温度を初めて寒暖計(華氏)で測る
1884	明治17	明治時代	(日本)F、コーン 、麹カビの学名をアスペルギルス・オリゼーと改める
1885	明治18	明治時代	(日本)この年以降、各地に酒造組合結成
1887	明治20	明治時代	(日本)所得税の創設
1889	明治22	明治時代	(日本)帝国憲法公布(納税義務を明記、租税法律主義の確立)
1889-1892	明治22-25	明治時代	**『薩摩見聞記』(本富安四郎)に「およそ薩摩ほど酒を飲む国はなし」と記述** ➡P203
1894	明治27	明治時代	(日本)高峰譲吉、酵素作用の有用性見つける (世界)日清戦争勃発 ➡P98
1895	明治28	明治時代	(世界)台湾、日本の支配下に(～昭和20年) (日本)清酒酵母確認、サッカロマイセス・サケと称す (日本)C.ウエーマー、麹カビの標準カビ分離。矢木久太郎、麹菌と呼称
1896	明治29	明治時代	**税務署の創設。鹿児島に税務管理局創設。後に沖縄局を合併し、税務監督局となる(鹿児島、宮崎、沖縄3県下の税務統括は大正2年)** (日本)「酒造税法」制定(酒造税測廃止)、営業法公布。免許税を廃し、営業税とし、清酒の免許限石数を設ける ➡P279 (日本)自家用酒税法の制定(明治32年廃止→自家用酒の禁止) ➡P279 (日本)日清戦争後の戦後経営のための増税(-明治34年) **大蔵省に鑑定官を置き、違反物件の鑑定、酒類の指導監督を行う**
1898	明治31	明治時代	**埼玉県の山田イチがアカイモの突然変異ベニアカ育成(川越芋)**
1899	明治32	明治時代	**自家用酒税法の廃止(自家製清酒は明治19年に製造を禁止)** ➡P98/181 **酒税(国税収入の35%)が地租(32.5%)を抜き国税収入の首位に** ➡P98 **鹿児島市で甘藷焼酎の販売始まる** (日本)酒造組合規則制定、税務管理局に鑑定課設置
1900	明治33	明治時代	**神谷伝兵衛(旭川)がドイツの技師を招き新式蒸留機を作る**

西暦（年）	和暦（年）	日本の時代区分	
1901	明治34	明治時代	**乾環が泡盛黒麹菌をAspergillus luchuensis と命名** ➡P214 （日本）初めての一升瓶発売（白鶴） （世界）藤本鐵治が台湾総督府に転任。1904（明治37）台湾全島の酒造業実地調査 ➡P216
1902	明治35	明治時代	**この頃、日本に連続式蒸留機が導入される** **酒税が国税収入の38.6%を占める（地租は28.2%）** **この頃、焼酎杜氏が誕生** （日本）税務監督局に鑑定部設置
1903	明治36	明治時代	**鹿児島の芋焼酎に鹿児島式二次仕込法登場** ➡P99
1904	明治37	明治時代	（世界）2月、日露戦争勃発 ➡P98 （日本）5月、大蔵省に醸造試験所設置 ➡P98 （日本）日露戦争の戦費調達のための非常特別税法による増税（-明治38年） （世界）日韓協約成立。目賀田種太郎男爵、韓国財政顧問に就任 ➡P287
1906	明治39	明治時代	（日本）札幌、日本エビス、大阪アサヒが合同して大日本麦酒設立 （日本）日本醸造協会、この年から純粋培養酵母頒布 （世界）韓国に統監府設置、酒造関連の調査を行う ➡P287
1907	明治40	明治時代	**この頃、鹿児島市内において黒麹による泡盛造り始まる** （日本）麒麟麦酒㈱設立 （日本）初めての鑑評会開催
1908	明治41	明治時代	**鹿児島県下有力の数氏が黒麹を甘藷焼酎に応用** ➡P214
1909	明治42	明治時代	（日本）醸造試験所の嘉儀金一郎らが、山廃酛開発 （世界）韓国に酒税法施行 ➡P181/287 （世界）韓国に醸造試験所創設 ➡P208（明治45、中央試験所に合併。大正13に行政整理により廃止、昭和4年朝鮮総督府酒類試験室として復活、昭和9に各税務監督局に移される）
1910	明治43	明治時代	**新式焼酎誕生（背景にはアルコールの過剰生産問題）** **河内源一郎、鹿児島税務監督局技師として赴任。黒麹の合理的甘藷焼酎製造を指導** **日本酒精㈱（愛媛県宇和島、宝焼酎の前身）が新式焼酎「日の本焼酎」発売（焼酎甲類のはじまり）** **鹿児島　製造免許取り上げ断行** ➡P105 （日本）江田鎌次郎（醸造試験所）、速醸酛を考案
1911	明治44	明治時代	（日本）第一回全国新酒鑑評会開催（醸造試験所）
1912	明治45	明治時代	（世界）韓国醸造試験所が官制改革により中央試験所に合併 ➡P288 **大村の上野弥助がボイラーの蒸気を用いた吹込み式蒸留機を考案**

西暦(年)	和暦(年)	日本の時代区分	
1912	大正元	大正時代	**鹿児島で焼酎苛税反対運動勃発、大正デモクラシーの火付け役となる(『鹿児島百年。下』)** **鹿児島の芋焼酎に二次仕込法定着** ➡P101 **大正時代に焼酎のお湯割りが始まる**
1913	大正2	大正時代	**山下筆吉が黒麹が生酸菌であることを発表** (日本)鹿児島税務監督局が熊本局と合併し、鹿児島税務署となる
1914	大正3	大正時代	**善田猶蔵、泡盛黒麹菌がクエン酸を造り、生産性、酒質良好として黄麹の代わりに推奨** (日本)全国的大腐造 (世界)7月、第一次世界大戦勃発
1916	大正5	大正時代	(世界)韓国、酒税令施行し、酒造業の集約化 ➡P291
1919	大正8	大正時代	**鹿児島県下の焼酎製造場から黄麹菌が姿を消し、黒麹菌へ移行** (世界)韓国、連続式蒸留機による酒精式焼酎出現 ➡P291
1920	大正9	大正時代	(世界)韓国、伝統的麯子焼酎から日本の黒麹導入による生産費の低減図られる ➡P291
1921	大正10	大正時代	(世界)台湾にツブロ式蒸留器(法主頭、鮒温度計) ➡P296
1922	大正11	大正時代	(日本)未成年者禁酒法成立 (世界)第一次世界大戦直後。台湾の酒、専売制度に。酒の製造から販売まで専売になる。 ➡P74/299 (日本)このころホーロータンク出現
1923	大正12	大正時代	**鹿児島県工業試験場開設**
1920-1933	大正9-昭和8	大正時代	(世界)米国禁酒法実施。
1924	大正13	大正時代	**『調査研究　琉球泡盛ニ就イテ』(田中愛穂、琉球に芋焼酎)刊行** ➡P178 **河内源一郎、白麹菌発見** ➡P212 **(Aspergillus luchuensisi mut. kawachii)** **加世田酒造杜氏組合(黒瀬、阿多合同)** (世界)韓国で行政整理により中央試験所に合併となった醸造試験所が廃止 ➡P288
1927	昭和2	昭和時代	(世界)黒麹菌が韓国に渡り、韓国、黒麹焼酎流行(昭和4-5年にはほとんどが黒麹焼酎に) ➡P292
1929	昭和4	昭和時代	(日本)初の国産ウイスキー(サントリー白札、赤札) (世界)ニューヨーク株式大暴落→世界大恐慌 (世界)韓国醸造試験所が朝鮮総督府酒類試験室として復活 ➡P288
1930	昭和5	昭和時代	**阿多杜氏組合独立**
1931	昭和6	昭和時代	(世界)満州事変勃発
1933	昭和8	昭和時代	(日本)米穀統制法 (世界)フランクリン・ルーズベルト、禁酒法撤廃する憲法修正

西暦(年)	和暦(年)	日本の時代区分	
1934	昭和9	昭和時代	**外砕米の輸入禁止。以後焼酎原料は台湾在来米、高粱、粟等を使用** (世界)韓国で酒類試験室が税務機関独立とともに各税務監督局に移管 ➡P288 (世界)韓国で自家用酒免許制度廃止(実質は自家用焼酎は昭和4-5年度に実質消滅) ➡P291 (世界)韓国で酒税が租税額、地租と逆転して第1位に(租税総額の3割) ➡P293
1936	昭和11	昭和時代	(日本)酒米「山田錦」誕生
1937	昭和12	昭和時代	(日本)清酒の生産統制実施。酒精専売法施行 (世界)日中戦争突入
1938	昭和13	昭和時代	(日本)国家総動員法により精白制限(平均一割三分) (日本)酒類販売業免許制となる(これまでは野放し)
1939	昭和14	昭和時代	(日本)「金魚酒(アルコール10%以下)」騒がれる **節米を理由に焼酎も13%の生産統制を受ける。** 価格統制令(酒類に公定価格)
1940	昭和15	昭和時代	**球磨で黒麹菌の使用定着** (日本)酒税法制定(酒類造石税、庫出税の併課) (日本)原料米国家管理となる。
1941	昭和16	昭和時代	(日本)主食糧の配給統制始まる ➡P223 (日本)酒造協力会結成(戦争協力)。焼酎甲類原料の生甘藷、切干に公定価格制実施。 (世界)12月、第二次世界大戦勃発
1942	昭和17	昭和時代	**二次仕込法が全国展開へ** ➡P216 **末垂れ落としのついた現在の型の焼酎蒸留機登場** **壱岐の麦焼酎、黄麹から黒麹へ、清酒式三段仕込みから鹿児島式二次仕込法へ** ➡P216 (日本)「食糧管理法」公布 (日本)清酒、アルコール添加始まる。合成清酒勃興
1943	昭和18	昭和時代	**主食代用として甘藷の買い出し活発化。食用甘藷による配給始まる** (日本)酒税法改正。酒類毎に級別設定。(清酒は第一級から第4四級まで)→平成元年廃止 (日本)庫出税率適用。酒類業界に企業整備実施。
1944	昭和19	昭和時代	**造石税から蔵出し税へ** ➡P222 **焼酎の課税基準を30度から25度に変更、ビール瓶の容量が633mlに統一される** ➡P222 **泡盛は税法上45度と規定されていたが、原料が少なくなってきたことから、40度、35度、30度となる(戦後は25度まで規格が下がる)**
1945	昭和20	昭和時代	(世界)8月、日本敗戦。台湾は50年ぶりに中国に復帰 ➡P301 (世界)台湾、酒と煙草の専売は中華民国台湾省政府の成立とともに「台湾省菸酒公買局」に引き継がれる ➡P301

西暦(年)	和暦(年)	日本の時代区分	
1946	昭和21	昭和時代	(日本)食糧確保のため、サツマイモ、大麦、米の酒造工場への搬入禁止 ➡P223 (日本)メタノール含有密造酒横行、濁酒など出回る
1948	昭和23	昭和時代	(日本)暖冬で清酒全国的に腐造となる (日本)日本醸造協会(のちの日本酒造組合中央会)創立
1949	昭和24	昭和時代	**酒税法改正。密造酒対策として特別に20度焼酎に安い酒税が設定される。焼酎が甲類と乙類に分けられた ➡P228**
1949	昭和24	昭和時代	**焼酎が全盛となる(戦後の酒復興に一番遅れたのは主食のコメを原料とする清酒だった)** **酒類配給公団が廃止され、酒は原則として自由販売に。価格は公定価格で縛られていた→卸業者の復活** (日本)国税庁発足(11国税局、497税務署) (日本)清酒、特級、一級、二級の級別制定。 (日本)「過度経済集中排除法」の適用を受け、大日本麦酒は日本麦酒㈱と朝日麦酒㈱に分割 (日本)サツマイモの統制撤廃 ➡P223 (日本)三倍醸造法による試験醸造 ➡P224
1950	昭和25	昭和時代	**焼酎甲類の出荷規制は昭和27年6月(合成清酒は昭和28年)** (日本)酒類の配給なくなり、自由競争へ (世界)朝鮮戦争が勃発し、1952年までの3年間、日本は特需景気に ➡P223 (世界)アロスパス式連続式蒸留機をフランス、メル社が開発
1951	昭和26	昭和時代	(日本)三倍増醸酒実用化(米不足、清酒不足対策。昭和24酒造年度に試験醸造開始) ➡P224
1952	昭和27	昭和時代	(日本)全国清酒品評会(復活第一回)
1952-1954	昭和27-29	昭和時代	(日本)日本のほとんどすべての連続式蒸留機がアロスパス式に更新
1953	昭和28	昭和時代	**『会社合併の促進』・背景には乱売によって酒類市場に極度の混乱** **奄美群島区本土復帰。米麹併用を条件に大島税務署管内に限り「黒糖焼酎」認可。** (日本)日本酒造組合中央会発足 (日本)新酒税法施行、酒類業組合法施行で日本酒造組合中央会創立 (日本)新しい酒税法で二級ウイスキーは「アルコール分40%未満、原酒混和率5%未満」と規定 (日本)ウイスキーの蒸留後、3年間樽熟成の義務を撤廃 (日本)政府の金融引き締めによる朝鮮特需景気の反動不況 (日本)清酒業界にステンレスタンク出回る

西暦(年)	和暦(年)	日本の時代区分	
1954	昭和29	昭和時代	**大口郡山八幡神社の柱貫に隠されていた落書き発見** ➡P172 **焼酎業界,生産規制(昭和44年まで続く)**
1955-	昭和30年代	昭和時代	**焼酎に回転ドラム普及** **焼酎に金属容器が普及(それまではカメ、コンクリート)**
1956	昭和31	昭和時代	(日本)蒸米放冷機が開発される
1957	昭和32	昭和時代	(日本)タカラビール発売開始(昭和42年撤退) (日本)日本麦酒が「サッポロ」の商標を復活 (世界)台湾で口噛み酒製造が禁止される ➡P79/301
1958	昭和33	昭和時代	(日本)初めての缶入りビール発売(アサヒ、350ml)
1959	昭和34	昭和時代	(日本)尺貫法に代わり、メートル法施行 (日本)自動製麹機が普及する
1960	昭和35	昭和時代	(日本)酒類の公定価格制度廃止、基準価格制度スタート
1961	昭和36	昭和時代	(日本)清酒ではじめての四季醸造が実施される
1962	昭和37	昭和時代	(日本)酒税法全面改正。酒類は10種類に分類(清酒は特、一、二級) (日本)二級ウイスキーの原酒混和率引き上げ、雑酒からウイスキーへ (日本)連続蒸米機の開発(大倉酒造)
1963	昭和38	昭和時代	(日本)サントリーがビール事業に参入 (日本)藪田式自動醪絞り機が開発される (日本)清酒業が中小企業近代化促進法の業種に指定される
1964	昭和39	昭和時代	(日本)基準価格制度廃止→自由価格に
1966	昭和41	昭和時代	**「さつま無双」47企業で発足**
1968	昭和43	昭和時代	**酒税法改定で25度以下のものに限って焼酎への砂糖添加認められる** (日本)紙容器(パック)入り清酒が登場(中国醸造) (日本)合成清酒の出荷規制撤廃
1969	昭和44	昭和時代	**出荷規制撤廃(乙類焼酎は昭和28-44年出荷規制)、甲類、原料用アルコールも撤廃** (日本)防腐剤(サリチル酸)使用禁止 (日本)自主流通米制度導入(米穀の統制終わる)
1970	昭和45	昭和時代	(日本)米の減反政策始まる
1971	昭和46	昭和時代	**「さつま白波」福岡で急上昇(焼酎ブームの発端)** (日本)麹菌にアフラトキシンをつくるフラバスがいないことを証明 **黒瀬杜氏組合が黒瀬出稼ぎ組合へ** **本格焼酎(=乙類焼酎)、ホワイトリカー(=甲類焼酎)の表示認められる(酒団法施行規則改正)** (日本)水質汚濁防止法施行

西暦(年)	和暦(年)	日本の時代区分	
1972	昭和47	昭和時代	(日本)沖縄、27年ぶりに日本復帰。沖縄国税事務所開設
1973	昭和48	昭和時代	**焼酎製造過程の封印解除** **減圧蒸留機初見(白花酒造)** **焼酎製造過程の封印解除** **「雲海そば焼酎」新発売** **戦後結成された笠沙杜氏組合が笠沙町出稼ぎ組合に吸収される** (日本)P箱使用始まる (日本)サリチル酸の使用禁止
1974	昭和49	昭和時代	**二階堂麦焼酎発売(「いいちこ」は昭和54年)** (日本)大手メーカー一斉に一級を茶瓶に切り替え
1975	昭和50	昭和時代	**『見直される第三の酒』(菅間誠之助)刊行** **白色ブーム(焼酎乙類の見直し)始まる** (日本)清酒の課税数量、消費数量ともにピークに (日本)日本名門酒会創設、地酒市場を牽引 (日本)地方酒に本格的ブームの様相 (日本)清酒「表示に関する自主規制基準」
1976	昭和51	昭和時代	**薩摩酒造、ロクヨンの宣伝開始** (世界)中国文化大革命終了
1977	昭和52	昭和時代	**「純」、「玄海」、「ワリッカ」登場**
1978	昭和53	昭和時代	**回転円盤式製麹機、連続式蒸米機導入(神楽酒造)** (日本)10月1日「清酒の日」制定(日本酒造組合中央会)
1979	昭和54	昭和時代	**三和酒類「いいちこ」発売**
1980	昭和55	昭和時代	**紙パック導入(沢の鶴、白波パック)** **泡盛「紺碧」発売**
1983	昭和58	昭和時代	**泡盛は黒麹菌使用に限る(酒税法施行規則改正)** **チューハイブーム(ハイリキ)**
1984	昭和59	昭和時代	**53年産超古米に残留塩素(翌年、厚生省焼酎への使用認める)** **canチューハイ、居酒屋ブーム、ウイスキー低迷へ、麦焼酎爆発的伸び** (日本)多用途利用米制度導入
1986	昭和61	昭和時代	**焼酎乙類の表示に関する公正競争規約施行**
1987	昭和62	昭和時代	**「本格焼酎の日」11月1日に制定** **ガット・パネル裁定で日本の蒸留酒の酒税「クロ」裁定** (日本)アサヒ「スーパードライ」登場
1988	昭和63	昭和時代	(日本)ガット勧告を受けて従価税廃止。ウイスキー類の級別廃止

西暦(年)	和暦(年)	日本の時代区分	
1989	平成元/昭和64	平成時代	**「鹿児島県本格焼酎技術研究会」発足** **酒税法大改定、焼酎増税(59,000円→70,800円)** **租特法87条で中小蔵の酒税軽減措置開始** (日本)消費税導入(3%) (日本)級別廃止(3年間は経過措置、平成4年完全廃止)、従価税廃止
1991	平成3	平成時代	(世界)WHOが日本に酒類の規制強化を勧告
1992	平成4	平成時代	(日本)級別完全廃止
1993	平成5	平成時代	**日本名門酒会、本格焼酎「カメ仕込み」シリーズ発売** (日本)酒販免許改定通知で1万平米以上の大型店の免許自動付与へ
1994	平成5	平成時代	**焼酎増税(→102,100円)** (日本)サントリー、発泡酒「ホップス」発売 (日本)地ビール解禁 (日本)製造物責任法(PL法)成立 (日本)韓国焼酎「真露」市場席巻
1995	平成7	平成時代	**ロンドン条約で焼酎粕の海洋投棄が禁止(猶予期間あり)** **EUがウイスキーと焼酎の税率格差是正を求めWHOに提訴** **「壱岐焼酎」(長崎県壱岐市)、「球磨焼酎」(熊本県人吉市、球磨郡)、「琉球泡盛」(沖縄県)を地理的表示(GI)産地指定(国税庁)** (日本)阪神・淡路大震災 (日本)醸造試験所が東広島市に移転(→独立行政法人「酒類総合研究所」)
1996	平成7	平成時代	**"焼酎"アジアフォーラムin かごしま(鹿児島大学稲盛会館)** **WTO上級委員会で日本敗訴が確定(WTOが焼酎税率の是正勧告)**
1997	平成9	平成時代	**焼酎増税(→150,700円)、ウイスキーは減税** (日本)消費税率が5%に
1998	平成10	平成時代	**焼酎増税(→199,400円)** (日本)小売免許の距離基準(平成13年1月)、人口基準(15年9月)廃止
2000	平成12	平成時代	**本格焼酎が清酒と並び「国酒」になる** **『鹿児島の本格焼酎』(鹿児島県本格焼酎技術研究会)発刊** **焼酎増税(→248,100円)**
2001	平成13	平成時代	**サザングリーン協同組合設立(初めての焼酎粕共同処理組合)**
2002	平成14	平成時代	**本格焼酎の定義確立(本格焼酎≠乙類焼酎、乙類焼酎(単式蒸留焼酎)のうち添加物が一切ないもの)** **甲乙混和焼酎が伸長開始** (世界)台湾、WTOへの加盟が認められ、「台湾省菸酒公賣局」は民営「台湾菸酒股份有限公司(TTL)」へ ➡P301

西暦（年）	和暦（年）	日本の時代区分	
2004	平成16	平成時代	**アルコール換算課税出荷量で本格焼酎が清酒を抜く**
2005	平成17	平成時代	**「薩摩焼酎」（鹿児島県）を地理的表示（GI）産地指定（国税庁）**
2006	平成18	平成時代	**鹿児島大学に「焼酎学講座」開設** **焼酎増税（→250.000円）** **酒税法改定（蒸留酒類、醸造酒類、発泡性酒類、混成酒類）** **酒税法改定（しょうちゅう（甲類乙類）がそれぞれ独立し連続式蒸留焼酎、単式蒸留焼酎に）** **酒税法改定（ニュースピリッツはウイスキー類原酒7.9％以下、着色度0.19以下）** **10月12日、黄麹菌、焼酎黒麹菌、焼酎白麹菌が国菌に認定（日本醸造学会）** （日本）清酒の定義改定（22度未満、三増酒清酒から除外）
2007	平成19	平成時代	**「薩摩焼酎」認証マークが決定** **ロンドン条約により、焼酎粕の海洋投棄禁止** **「黒糖焼酎の日」が5月9、10日に決まる**
2008	平成20	平成時代	**事故米が焼酎メーカーに流入**
2009	平成21	平成時代	**「奄美黒糖焼酎」が特許庁の地域ブランドに**
2011	平成23	平成時代	**鹿児島大学焼酎学講座が「焼酎・発酵学教育研究センター」に発展** **米トレーサビリティ法施行** （日本）東日本大震災
2012	平成24	平成時代	**鹿児島大学に社会人対象の「焼酎マイスター養成コース」開講** **清酒・焼酎の国家プロジェクトが始動（Enjoy Japanese Sake）**
2013	平成25	平成時代	**鹿児島県「焼酎でおもてなし県民条例」が成立**
2014	平成26	平成時代	（日本）消費税率8％に
2016	平成28	平成時代	（日本）熊本地震
2017	平成29	平成時代	（日本）税制改定案（ビール系酒類酒税一本化（2026年）、ビールの定義変更、清酒減税、ワインと同じに）
2019	令和元/平成31	令和時代	（日本）消費税率10％に
2020	令和2	令和時代	（日本）新型コロナウイルスによる不況

あとがき

「第一部　焼酎を語る」では日本近代史がご専門の原口泉先生と、三和酒類株式会社の下田雅彦社長との対談を掲載させていただいた。

原口泉先生との対談では、維新の英傑たちにとって酒がどのような役割を担っていたか、また当時の社会情勢の中で酒を取り巻く環境がどのように変わっていったのかを語り合った。下田雅彦社長とは、焼酎が急速に市場を拡大していく昭和50年代以降の状況を、同じ時期に鹿児島と大分で技術者としてかかわってきた立場から、焼酎が九州の地酒から国酒になるまでの体験を披露しあった。

この二つの対談は、文化的産物あるいは生活に欠かせないものとしての酒、担税物資としての酒、技術と文化とのかかわりあいのあり方など、多くの方々に知ってもらいたいと思い、「酒販ニュース」(株式会社醸造産業新聞社)から再掲したものである。

第二部~第五部は、2015年7月から2017年7月にわたって「酒販ニュース」に『酒の原風景』と題して連載した記事を一部加筆したものである。

執筆の契機となったのは次のような疑問からである。

酒は基本的に、酵母が糖分をアルコールに変えたもので、至極単純なものである。にもかかわらず百花繚乱ともいえる酒造りが存在するのはどうしてだろう。酒はその土地の原料、気候風土などを反映して誕生したと思われがちだが、その底流には共通した技術が存在し伝播の跡を感じさせるものがあり、その地域の食文化や民族性を反映して変貌してきたと考えられる。その過程で、もともと持っていた可能性を切り捨て、それぞれが細分化し、袋小路におちいっていることがあるかも知れない。そこで酒の原点を今一度振り返り、変遷のあとを振り返り、ややもすれば忘れられがちな、あるいはすでに忘れられた事柄に焦点を当て、豊かな酒文化について考えてみたいと思った。

焼酎は南九州の地酒にすぎない時代が長かった。それだけに焼酎は南九州生まれだと思われがちである。しかし焼酎の世界を掘り下げていくとその世界の広がりの大きさと深さに驚かされる。初期の焼酎造りは、日本伝統の清酒造りを基盤に蒸留技術を導入したものであり、その蒸留技術はアジア特に中国の影響を受けていた。焼酎は日本古来の技術と海外伝来の文化の融合の上に成り立っていたのである。技術だけではなく、日本の酒税を中心とする徴税方法は、日本だけでなく韓国や台湾の酒にも甚大な影響を与えていた。

最終ページの「焼酎神社」を見つけたのはいささか神がかり的であった。竹屋神社の祭りで焼酎と神話の講演を頼まれ、焼酎と神話とは関係あるはずがないと思ったが、とりあえず日本の神社と酒についてしらべたところ、ここにいますよ、とばかりに竹屋神社が名乗りを挙げてきた。竹屋神社に祀られている4柱の組み合わせは、出来すぎと思われるくらい焼酎の発展の歴史を見事に予見していたのである。その竹屋神社は筆者の住まいのある鹿児島県南さつま市にあり、ここは焼酎杜氏の里としても知られているところである。焼酎漬けの毎日を送っている筆者に焼酎神が微笑んでくれたのだろうか。

酒の世界は、海底深くからそそり立つ火山に似たところがある。我々は海面上の姿にしか思いをはせないが、その姿は海面下の長年の火山活動を経て我々の前に現れたものである。火山の噴出物を探ることによって、現在の姿に至った背景を知ることができるとともに、眼前の姿に新しい知見と深みを与えることができる。

これまで、エッセーや雑文をいろいろ書いてきたが、何かひっかかる思いがあったのは、現在私たちが目にしている焼酎の世界を知るにはこれまでの火山の噴火活動に似た事象を掘り起こす必要があるのではないかと思ったからである。

焼酎は不思議な酒である。焼酎の七不思議を挙げれば次のようなことになる。

①増税のたびに成長する不思議。

国際酒税紛争に敗北し、増税に次ぐ増税となったにも関わらず、それをエネルギーに変えたかのように焼酎市場は拡大していった。

②イメージを一新した不思議。

九州の地酒で、労働者の酒のイメージの強かった焼酎だったが、時代とともにその姿を変えつつ、若者や女性をとりこにし、いつの間にか国酒と呼ばれるに至った。

③時代に柔軟に対応する不思議。

個性的な風味を有していた焼酎だが、時代の変化に伴い、華やかな香り、ウイスキーのような風味、冷酒でおいしい、カクテル向きの焼酎など多彩な側面を持つようになり、愛飲者層を拡大してきた。

④市場を広げながら風土性を失わない不思議。

焼酎は多彩な原料を使用でき、製造免許があればどこでも製造できるにもかかわらず、芋焼酎は南九州、泡盛は沖縄、米焼酎は球磨、麦焼酎は壱岐、大分といった具合に市場が拡大していったにもかかわらず、今なお風土性を維持し続けている。

⑤蒸留酒であるのに健康性を持つ不思議。

西欧の蒸留酒はアルコール度の高さゆえに健康への害が懸念されている。ところが、焼酎は酔い覚めが良い、悪酔いしない健康的な酒として飲まれている。

⑥蒸留酒なのに醸造酒のように飲める不思議。

西欧の蒸留酒は醸造酒と蒸留酒の飲酒態様が明確に異なっている。焼酎は蒸留酒でありながら醸造酒と同じ場で飲まれる世界的に見ても珍しい酒である。

⑦いつの間にか時代の先端を走っている不思議。

焼酎は、世界の蒸留酒が苦手とする食中酒、健康への悪影響といった課題をいち早く解決した酒である。

これらの不思議さは海面の上に突き出た事象だけを見ることから生まれたものである。海面の下を掘り下げれば、それは風土の制約の中から生まれたものであり、酒税法をはじめとする歴史的必然の上に成り立っていたりすることが明らかになる。そして、国際化のうねりの中で極めて地域性の高い日本の蒸留酒の世界が浮き彫りになってきたものである。もっと掘り進めれば海底火山は日本だけではなく、中国、韓国、台湾などとつながっていたことも明らかになるだろう。

かねて、焼酎を理解するにはアジアの酒とのかかわりを掘り下げる必要があると思っていた。そこで、筆者は沖縄、種子島、壱岐、対馬、奈良、台湾、雲南、福建省、浙江省、四川省、などの調査を長年にわたって行ってきた。本書の記事のほとんどは、この実際に足を運び調査した記録が基になっている。

末尾には、焼酎を中心にした歴史年表を載せた。焼酎からみた酒の歴史年表としては初めてのものである。焼酎の歴史、製法の成立過程、酒税法にみる酒の移り変わり、清酒の影響等々、現在の焼酎の姿の根底にあるものを掘り下げたいと思い、いささか細かすぎるものまで掲載した。ご活用頂ければ幸いである。

本書が発刊されるに至ったのはひとえに株式会社醸造産業新聞社のご厚意によるもので、矢島寿史氏の熱意とご協力に感謝したい。また永年ご支援頂いた岩田年弘氏のおかげでもある。出版の労をお取りいただいたイカロス出版株式会社の手塚典子氏には本書を親しみやすいものにしていただき、厚く御礼申し上げる。

2020年5月

鮫島吉廣

鮫島吉廣（さめしま　よしひろ）

1947（昭和22）年、鹿児島県加世田市（現・南さつま市）生まれ。71年京都大学農学部食品工学科卒業。同年、ニッカウヰスキー入社。76年、薩摩酒造入社。常務取締役研究所長兼製造部長を最後に2006年、退職。同年10月、鹿児島大学農学部に新設された焼酎学講座（開講は07年4月）教授に就任。13年4月、鹿児島大学客員教授。九州各地で教え子達が本格焼酎づくりに携わっている。焼酎文化や歴史などの伝え手を育成する「かごしま焼酎マイスターズクラブ」理事長。『ダレヤメの肴』（南日本新聞社）、『焼酎・一酔千楽』（南方新社）など著書多数。

焼酎の履歴書

2020年6月1日　初版第1刷発行

著　者　　鮫島吉廣

発行者　　塩谷茂代
発行所　　イカロス出版
〒162-8616 東京都新宿区市谷本村町2-3
電話03-3267-2766（販売部）
03-3267-2719（編集部）
装丁・本文デザイン　木澤誠二（イカロス出版）
印刷・製本　図書印刷

Printed in Japan
ISBN978-4-8022-0876-5
定価はカバーに表示してあります。
落丁・乱丁本はお取り替え致します。